U0161663

整理术

精简生活

亲子篇

张 丹 孟宪煜 / 著
侯文茹 / 绘

中国纺织出版社有限公司

内 容 提 要

本书从养育孩子的角度分年龄段介绍了亲子整理的知识。与市面上其他同类书不同：本书不仅关注亲子整理，让家长和孩子共同学习整理收纳的知识，更重要的是让父母通过整理收纳，培养孩子良好的学习和生活习惯，让孩子更加独立自主。

图书在版编目（CIP）数据

精简生活整理术.亲子篇 / 张丹，孟宪煜著；侯文茹绘. --北京：中国纺织出版社有限公司，2023.11
ISBN 978-7-5229-0504-4

Ⅰ.①精… Ⅱ.①张… ②孟… ③侯… Ⅲ.①家庭生活－基本知识②家庭教育－儿童教育 Ⅳ.①TS976.3 ②G781

中国国家版本馆CIP数据核字（2023）第063790号

责任编辑：刘 丹　责任校对：王花妮　责任印制：储志伟

中国纺织出版社有限公司出版发行
地址：北京市朝阳区百子湾东里 A407 号楼　邮政编码：100124
销售电话：010—67004422　传真：010—87155801
http://www.c-textilep.com
中国纺织出版社天猫旗舰店
官方微博 http://weibo.com/2119887771
天津千鹤文化传播有限公司印刷　各地新华书店经销
2023 年 11 月第 1 版第 1 次印刷
开本：880×1230　1/32　印张：5.5
字数：85 千字　定价：59.80 元

凡购本书，如有缺页、倒页、脱页，由本社图书营销中心调换

为人父母是一次重生的过程

可能很多人不知道，我和先生在有小团子之前，一度是坚定的丁克一族。甚至，我因为曾经被"熊孩子"折磨得太惨，有段时间吃饭专门挑远离孩子的座位。

但是，不知道从什么时候开始，我突然喜欢上了孩子。可能是亲眼目睹了干儿子小石头从出生到长大一直没有变"熊"的成长过程，也可能是某天发现几个月大的小婴儿胖嘟嘟的超级可爱，还可能是年纪大了心变得柔软了，抑或是收到了来自身体的警告。

于是，在结婚七年以后迎来了我们的儿子——小团子。

初为人父母，我们每个人都有太多的东西需要从零开始学起，包括但不限于母乳喂养、疫苗接种、新生儿常见疾病预防、辅食添加等。

有一天我下班回家，突然发现家里好乱。原本一套三室两厅的房子，刚买的时候真的是"家徒四壁"，完全符合极简主义的标准。不怕大家笑话，交完首付之后我俩口袋空空，圣诞的礼物是我送团子爸一个吸油烟机，他送我一个灶台，后来慢慢才添置了餐桌、餐椅、沙发、茶几这些家具。

我和团子爸两个人住的时候，其实只用主卧和卫生间，有时下班堵车索性连晚饭也在外面吃了再回家，厨房都用得不多。但现在因为有了宝宝，小团子的姥姥和育儿嫂也来了，家里一下子变成 5

个人，每个人都有自己的一堆东西。加上小团子婴儿期要用的无数用品，爬行垫、玩具等，我突然感觉在房子里走路都很困难。

一想到我的小团子未来要在这个混乱的环境中成长，我突然有了严重的危机感。回忆起自己小时候，家小小的却很温馨，但每次打开衣柜或者抽屉都是乱糟糟的一团。尽管妈妈有空也会收拾一下，但整齐的状态维持不了几天又会马上复乱。难道我的家也要如此吗？

我不甘心，于是开始自己学习各种收纳方法，也从网上买了很多的收纳神器回家实验。我一度好似变成了传说中的收纳达人，家里的边边角角都被塞得满满当当，但是混乱情况没有根本的好转。

直到有一天，我通读了近藤麻里惠的《怦然心动的人生整理魔法》，突然领悟到我家的混乱是因为没有对物品进行过整理。

于是在 2012 年的一个春日，我一个人在家里的客厅把自己的衣服全部取出来，不禁感叹这些衣服如同一座山呀。经过一次整理，我丢掉了七大箱衣服。

之后，我又通过阅读与整理有关的书籍，发现自己真正热爱的职业居然是整理，从而投身于整理师这一职业。

再之后，我又开始研究生活整理，有幸成为中国第一批生活整理师，并一直战斗在生活整理的最前线。

在这个过程中，我的家也在一天天变化，变得越来越整齐，越来越好用，越来越漂亮了。

我的儿子小团子也在慢慢长大，现在他已经是一个 12 岁、身高

1 米 70 的大男孩了。

　　他成长的每一步，都有我、团子爸和整理的陪伴，他也从小显示出了与其他孩子不一样的地方。我们都坚定地相信陶行知所说的"生活即教育"，相信"生活的过程就是教育的过程，教育就是一种生活"。教与学不仅在孩子读书、上课、坐在教室里的书桌前（或者线上学习的屏幕前）才发生，日常生活的点点滴滴都是学问，都是孩子学习和成长的好时机。

　　这次有机会，我可以把亲子整理的部分写成书籍，分享给大家也是非常开心的一件事，与市面上其他同类书不同，本书不仅关注教孩子学整理，更重要的是希望孩子养成良好的学习和生活习惯，成为独立自主的孩子。如果大家能从书里获得一些启发和经验，我就很欣慰了。

张丹（Coco）

2023 年 6 月

目 录   CONTENTS

0~3岁萌娃
亲子整理篇

0~3岁，整理从父母做起

这篇内容应该再往前推一些，因为亲子整理其实从怀孕就可以开始。为什么要这样说？

因为小孩子刚出生那几个月，父母们特别是妈妈们的主要精力一般是放在哺育上，自己都没有时间睡觉，哪里还有精力搞整理。

所以，这一篇的内容强烈建议父母们早点看，甚至在你们开始备孕时就可以看。

▶ "整"人之前先"整"自己

强烈建议大家从自己开"整"。

古语说得好，"己所不欲，勿施于人"，翻译成白话就是自己都做不到的事就不要要求别人。工作、生活如此，整理也如此。而且像说话、走路一样，整理也是一种技能，需要爸爸妈妈们教

给孩子，但如果你们不会这项技能也就没有办法教给孩子。

　　还有一点就是环境对孩子的影响大于对成人的影响。用贫嘴张大民的话说，"你什么时候见过下水道里蹦出一个卫生球？"

　　如果家里一直井然有序，孩子也更容易养成物品归位的好习惯。但在很多家庭，连爸爸妈妈自己收拾东西都是随手摆放，让孩子来有序地收拾东西也是太难为他们了。

➤ 如何"整理"自己

大家可以看书、听网课或者上课学习,其实整理和收纳的方法真的不难,一般6小时就可以学会。

当然,如果你没有学过,那么现在我们就一起简单学习一下吧。

最简单的整理方法分为5步:集中、分类、筛选、计算、归位。

我们以夏季小物品为例进行说明。

集中：把只有在夏季才会使用的各种小物品集中在一起，为了便于查看，建议平铺。

分类：让物品"各找各妈"，同类集中。这样比较便于把握数量，比如驱蚊器有 4 个，暂时就不需要买了。

筛选：有保质期的看保质期，没有保质期的看物品情况，太脏、太旧、太破的可以适当淘汰。

计算：根据物品的数量、体积和自己的需求选择收纳方式和收纳用品。考虑到北京四季分明，我又属于"看不到就会忘记型"，所以买了一个透明的收纳盒把这些换季物品一股脑儿装进去。

归位：在储物间架子上给这个收纳盒找个固定位置，每年夏季来临拿出来使用，秋季再把这些物品归位。

➤ "整"从哪里入手

通常大家的物品都不少，可以按照衣物、书籍、文件、小物品、食品等顺序进行整理，纪念物品可以放到最后。

通常来说，衣物的数量都比较多，从衣物入手会有助于大家培养筛选物品需要的决策力。

如果上来就整理纪念物品，可能看哪一张照片你都舍不得扔。但如果按照我们建议的顺序操作就容易多了，你的决策力会一点点被培养出来。到了后面简直是速度如飞，一秒决定不纠结。

➤ 放过自己也放过他人

我团队的一个小伙伴付付同学是一个对自己和他人要求都很高的人，一度和周围的人关系有点紧张。学习了整理之后，她自己却说："放过自己就是放过他人。"

我们可能没有特别注意，人和人是不一样的，就算是一家人，思维的方式和行动的习惯也有可能完全不同。

我闺蜜家的分工是她先生负责洗碗，她负责做饭，但还经常有矛盾。一问才知，居然是因为她先生的习惯是吃完饭先休息一下，想过一会儿再洗碗。而她作为一个强迫症"患者"，要求吃完饭就立即清洗。

我个人觉得，做家务人人有责，但每个人具体如何操作，什么时间洗碗可以不必太在意，毕竟肯洗碗就是好同志。

再说，大家上班忙碌了一天，吃完饭先休息一下也无可厚非。

但是，我闺蜜坚持不放弃对她先生进行教育，于是每天吃完晚饭的气氛都非常紧张。

整理也是一样。我一度为家里有个从来不肯扔东西的老公头疼，我好心想去帮他整理一下书房，他居然说不需要。直到有一次直播的时候，我听到敬子老师和悠老师都在讲述自己家里有个她们从来不进去的房间叫作"老公的书房"，悠老师甚至摆出了一张照片，看完之后我倒吸了一口冷气，觉得我老公的书房居然还算挺整齐的。从此以后，我就放过了自己。任凭他的书房如何混乱，本着"不求不助"的原则，我绝不插手。

厨房的整理也是一样。我一度热衷于厨房的整理，家里的厨房也是多次上过 CCTV 和 BTV 的家居节目。但最近两年来，由于工作实在太忙，整个厨房完全交给了孩子姥姥和阿姨。我吃着她们辛苦做出的饭菜，就对厨房撒手不管了。

细细想来，这些经历让我发现，即使在自己家里，跟最亲近的人在一起，尊重彼此的边界也是家庭成员之间彼此成就与和睦相处的关键。个人的边界感可以比作一个人的领地，包括我们的身体界限、空间范围，还有我们的感受、需求、责任等。

健康的边界感能帮助我们区分自我和他人，建立和维护自我意识，学习如何在纷繁复杂的世界里为自己的生活和选择承担责任，同时安全从容地与他人相处。边界感的建立要求我们能够觉知和捍卫自己的领地，同时尊重他人的疆域，并认识到每个人都要为自己的行为负责。

作为孩子生命中最重要的核心社会环境，家庭生活是孩子学习边界感最重要的途径。这其中就包括在日常生活中尊重彼此的观点和感受，尊重每个人对自己领地的管辖，比如接纳先生认为自己的书房"乱中有序"，理解姥姥的厨房里"我的蒸锅比蒸烤一体机好用"。与此同时，让孩子在生活中看到父母如何进行整理和收纳，并且在父母的引导下整理自己的物品，这也是让孩子学习为自己的生活负责的一种重要方式。

有一点必须告诉大家，就是我一直在说的"教孩子学整理比教老公容易多了"。一方面孩子更容易接受新鲜事物，另一方面是爸爸们总觉得整理是家务，无须自己过多地参与。所以如果有看到本书的爸爸们，请积极学习参与亲子整理吧，它不仅可以改善亲子关系，还能让你学会整理的技能，甚至改善你和太太的关系。毕竟家庭和睦，氛围轻松快乐，父母关系融洽，这样的家庭环境才更有益于孩子身心健康地成长。并且，孩子也是在日常生活中，通过观察自己周围人的行为，特别是爸爸妈妈的行为习惯和做事方式，来培养责任感和进行自我管理。正所谓耳濡目染，身教大于言传。

0~3岁孩子的精简衣柜如何打造 ◎

作为一名 12 岁男孩的妈妈 + 资深生活整理师，我来分享一下关于孩子衣物整理的一些心得。

在孩子的日常生活中，家庭环境的规整和简洁有助于满足孩子对秩序感和安全感的内心需求。0~3 岁这个阶段是孩子的大脑飞速发展的关键时期，而孩子所生活的环境可以为他的成长提供丰富的养分，其中不仅包括家人照料和与孩子的互动，也包括物质环境的条理化和多样化。大约在 1 岁前后，很多孩子会开始对周围环境的变化（比如原本放在墙角的画架被挪到了窗边）表现得无法理解，甚至发脾气。蒙台梭利教育中强调，这种对秩序的敏感是孩子认识和理解自己周围世界重要的一步，而有序的环境能够为孩子大脑组织能力和智力发展创造良好的条件。不过，这并不是说在这个阶段我们家中的摆设一定要长久保持原状，而是说，如果家里的格局产生了变化，我们可以用简单的语言提前给孩子解释，打好预防针，帮助孩子理解即将出现的变化，从而获得一定的掌控感。

我们也可以在适当的时候引导孩子参与自己衣物的整理，比如选择自己喜欢的衣服等。3岁以下的孩子我们可以使用"选A还是选B？"这样二选一的方式让孩子参与，如"这个是袜子还是手套？"这个过程会帮助孩子建立"分类"的概念，是数学思维的一个重要组成部分。对于孩子来说，能够自己做选择，能够给爸爸妈妈"帮帮忙"，不仅会提升孩子对环境改变的配合度，更可以让孩子充满成就感、价值感和自信心。引导孩子参与整理的另一个好处就是，6岁以下的孩子首先是通过感官进行学习的，而衣物整理（不同颜色、触感）为孩子提供了丰富的感官输入和整合。当然，这个阶段因为孩子的年龄比较小，还是以妈妈为主进行整理。

▶ 精简数量，提高质量

作为0~3岁孩子的妈妈，要操心的事情太多了。母乳喂养、奶粉、尿裤、辅食、疫苗、早教、新生儿常见疾病预防等都要研究。

与此同时，作为新手妈妈，我们心里满满装的都是孩子，恨不能把全世界最好的东西都给他。小男生要帅气、小女生要漂亮，妈妈们有时自己不舍得买新衣服，但给孩子们花钱却从不手软。

作为一个过来人，我非常能理解大家的心情。我刚当妈妈那会儿也是如此，明知道孩子的小脚丫长得飞快，可小鞋子还是一双双地买，结果最惨的是只穿了一次，鞋就小了。

所以，在这个阶段，我的一个经验就是：精简！稍微控制一下自己的购买欲，孩子成长过程中还有很多需要花钱的地方，我们稍微理性地想想也知道，孩子能穿的衣服还是比较有限的，就算考虑换洗的因素，也不需要太多。比如，北京的天气比较干燥，一个季节准备3~5套日常穿、2~3套睡衣家居服、3套凹造型拍照的衣物也就够了。

相反，因为这个阶段孩子的皮肤比较娇嫩，并且0~6岁这个阶段，孩子对各种感官的输入十分敏感，比如触觉。所以妈妈们需要费心的应该是挑选一些材质比较好的衣物，清洗之后穿着避免发生过敏的情况。

▶ 精选纪念物品，其余流通

这个阶段衣服的整理也特别简单，除了个别需要留做纪念的物品，到换季的时候，妈妈们可以先把现在穿着小的或者穿着正好的衣服统统流通出去，然后根据剩余的数量再补充购入新衣服就可以啦。

我选了我和团子爸给团子买的第一顶小帽子作为纪念物品，团子表示将来要给他的孩子戴，想想也很好玩，好期待那一天啊。

有人可能会问，现在穿着正好的衣服也不留吗？真的不用留，因为孩子成长飞速，现在穿着正好，下一季肯定就小了。因为我之前给闺蜜留过，但发现无论当时洗得多干净，隔一段时间还是会泛黄，所以还是及时处理为好。

不知道大家会不会和我一样，一开始会买大一码的衣服给孩子，觉得可以多穿一年。但实际情况是，即使是小宝宝，衣服也要合身才好看。而且裤子如果太长，还会有踩到后摔倒的危险。后来我就基本按孩子的身高购买，少买几件，轮换着穿其实也并不浪费。

还是新手妈妈时，我也囤过衣服，因为不知道孩子的身高糊涂地入手了一套西服五件套，直到孩子7岁才能穿上，大家可千万别学我。

➤ 简单收纳，以叠为主

这个阶段的衣服收纳也很简单，可以使用斗柜、抽屉柜或者在大人的衣柜里添加抽屉。因为婴儿衣服比较小，晾干后简单折叠一下就可以收纳得整整齐齐。（友情提示：抽屉柜请务必固定在墙上防止倾倒。）

折叠方法就是简单折整齐就好，因为衣服小布料少，其他整理手法暂时还用不上。

　　孩子会有一个阶段叫作 Terrible Two（可怕的两岁），妈妈们会发现孩子事事和你作对，你要朝东他偏要朝西，最喜欢说的两个字就是"不要！"千万别头疼，这其实正是孩子的自我意识在发展，孩子开始意识到自己是和周围人不同的独立个体。他有自己的想法是好事，但如何减少矛盾和冲突，同时保护和支持孩子的自主性和独立意识的发展呢？

　　可以从衣柜改造开始！与其每天早上花时间和他们斗争穿哪件衣服，不如给他们一个小小的衣柜，也可以在大人衣柜里开辟一个小空间给他们。

把他们日常穿着的衣服悬挂在上面，让他们自己选择。让孩子参与自己日常衣物的选择不仅可以有助于他们独立意识和自主性的发展，更可以让孩子体验到被尊重的感觉。你会不会担心他们冬天选了夏天的衣服？这里面有个小技巧。一是悬挂哪些衣服是妈妈来选，你要选当季的；二是数量要控制，一般来说年龄越小数量要越少，便于他们选择。2 岁左右的孩子挂个 3~5 件衣服就可以啦。当然，有时孩子自选的搭配会很"大胆"，不符合成年人的审美。我觉得其实没关系，因为孩子就是在一次次的尝试和体验中慢慢找到自己的风格。幼年正是可以尽情试错，不必在意他人眼光的好时候，不是吗？

外套类的衣服可以由妈妈来管理，根据天气给孩子增减。不过小朋友一般都比较"热"，我通常都是给他穿少一点，这样反而不会因为一动就出汗而着凉感冒。衣柜里的四季衣物还可以拿来和孩子一起做亲子游戏（详见后面的"亲子整理小游戏"）。

孩子从小长大，除了衣服之外，各种帽子、围巾、鞋、包也不少。下面就一起说说如何管理这些物品。

小孩子几乎是一天一个样子，所以各种配饰也不需要准备太多，够穿够用就行，因为他们实在是长得太快了。

➤帽子和围巾

帽子冬季保暖、夏季防晒、春秋遮阳，一年 3 顶也够用了。

下图这个防晒帽因为有抽绳可以调节大小，所以戴了好几年。

冬天的帽子和围巾都是在迪斯尼乐园买的跳跳虎系列，戴了好几年。

春秋季节一般外出活动比较多，我特地选择了一顶"小红帽"，这样的好处是在人群中比较醒目，即使孩子偶尔跑远了，也一眼就能看到。

➤ 鞋

和大部分的新手妈妈一样，一开始我曾给团子买了好多双可爱的小鞋子。什么恐龙鞋、警车鞋、消防车鞋统统买过，后来发现根本穿不过来。

之后每年就是 1 双毛毛虫鞋、2 双洞洞鞋，最多加 1 双雨靴和雪地鞋。

因为数量少，基本就是穿不下就自然淘汰，有打折时就囤一双比现在穿的大一码的鞋，需要的时候换上就行。

➤ 包

团子小时候一直使用的是一个可爱的小企鹅背包，外出的时候可以装水壶、湿纸巾、防雨防冷的小外套和一点零食，前面的小口袋里会长期放一个小袋子装碘伏棉签和创可贴，也会有一张中英文写好名字和联系方式的紧急联络卡以防走失之用。

孩子开始上兴趣班学英语时，就专门买了一个装学习用品的包。

提前装好课本、练习本和文具盒，上课时拿起来就走。

孩子长大了就背小号的双肩包，出门的东西都自己背着，给妈妈大大减轻了负担。

我在玄关鞋帽间给小朋友留了一个空间专门放他的鞋和包。

▶安全用品

出于父母保护孩子的本能，我们从小就对孩子进行了严格的安全教育，同样也配备了特别多的安全用品。

坐车坐安全座椅、骑车戴头盔这些问题统统是原则性问题没得商量。所以很长时间里，小团子一直是我们小区为数不多戴头盔骑滑板车的孩子，现在很欣慰地看到越来越多的孩子也开始骑车戴头盔了。

如果是夜间骑车的话，还需要配备反光背心、反光灯等一系列用品。

这些安全用品也需要收入玄关区，有时我甚至会直接把头盔挂在滑板车上，以避免忘记戴头盔的情况发生。

玄关区每个人都有一个抽屉，把外出用的帽子、围巾、手套、口罩等物品统统装在里面，用的时候很方便。

关于小孩子的衣物只要记住购物时要精简、整理时挑纪念、收纳时简单折叠就好。

➤ 亲子整理小·游戏

我们可以把孩子的衣物拿出来，和孩子一起为这些衣服分类。

为物品分门别类可以锻炼孩子的思考能力，促进孩子数学思维的养成。可以按照种类来分——帽子、上衣、裤子、裙子、袜子等。我们也可以借助孩子喜欢的毛绒玩具来增加戏剧性。比如，我们可以用一个小熊的玩具，模仿小熊的声音对孩子说，"哎呀！糟糕！我把这些衣服堆到一起了！怎么办？怎么办？你能帮我把它们分分类吗？"

衣服分类进阶版——孩子把衣服分类后，爸爸妈妈可以事先预备好同一种类的衣物，然后在其中放入一件其他类的衣物，问问孩子哪件不属于这里。例如，在三四件上衣中混入一条裤子。

我们也可以把若干双袜子拿出来，让孩子给袜子配对。

03 藏起来的游戏区

    玩具整理几乎是有娃家庭的共同困扰，可能最开始的婴儿阶段还好，大约从 1 岁多开始，孩子的玩具就会越来越多，收拾玩具也成了爸爸妈妈们特别头疼的一件事。

    试问，谁工作一天回到家看到下图中的这个场景会不想发脾气啊？

但我们也都知道，玩耍是孩子的天性，我们也不可能不让孩子玩玩具，那我们应该怎么办呢？

我用自己的惨痛经历给你支三招，保证有效。

➤ 第一招：控制源头，精简数量

每当爸爸妈妈们抱怨玩具太多不好整理时，我都会扎心地问一句："请问这些玩具都是宝宝自己买的吗？"

孩子大了可能你还可以甩锅，婴儿期你必须得承认，这些玩具都是你或者老公买回来的吧？

我特别能理解父母们，他们的购买有时是跟风，有时是出于不能陪伴孩子的补偿心理，有的甚至是自己觉得好玩。现在的孩子们大多不缺乏物质上的关爱了，但是过多的玩具不能代替爱，玩具过多也会造成孩子的注意力不集中，对孩子来说未必是好事。

此外，玩具买得多，花钱我们先不说，关键是整理收纳起来要花上很多的时间和精力。所以，我的第一招就是控制源头，精简数量。

爸爸妈妈们可以花点时间研究一下哪些玩具比较经典，或者直接去找自己熟悉的其他孩子的父母取取经，因为现在很多育儿公众号都在带货，跟着他们你停不下买买买的手。以后再购买时，不如先想一想是不是一定需要买，从源头控制，适量就好。还有一点就是购买玩具时多多参考孩子现阶段的兴趣。比如我两岁半的小外甥，痴迷做饭，尤其喜欢学姥爷颠勺，并且明确表示："别的玩具不要，要锅！买锅！"那么爸爸妈妈选择玩具时不妨从这一点延伸，选择可以辅助和延伸做饭游戏的相关玩具（详见后面的"选购角色扮演游戏类玩具的小妙招"）。

肯定也有不少人看到第一招时，觉得为时已晚，那也没有关系。如果孩子的玩具数量比较多，我们还有一个方法——安排玩具轮流"值班"。根据自己家的情况，选择一部分玩具，供孩子们近期玩耍。另外一部分可以装在收纳箱或柜子里面，每隔一段时间，给孩子换一批。换的时候注意不要完全换掉，不妨保留几个近期孩子特别喜欢的，经常玩的。这样做既尊重了孩子的喜好，也能使熟悉的玩具所带来的持续感和安全感得以维持。试想一下，谁不喜欢身边老朋友常驻的亲切感觉呢？

这样既可以维持孩子们对玩具的新鲜感，又不至于让孩子对玩具挑花了眼。"值班"的玩具数量少了，也可以让我们从整理收纳孩子玩具的辛苦中得到很大程度的解脱。

➤ 第二招：空间规划，藏起来为好

我虽然是整理方面的专业人士，但是在整理玩具方面也失过手。比如我也曾尝试让孩子的玩具"不出屋"，或者试图打造一个游戏室，希望乱就乱一个小空间而已。但经过多次尝试，我绝望地发现，孩子们绝不会乖乖地待在我们给他们划定的那个小圈圈范围里玩耍的。

往往是孩子越小，越会黏住大人，特别是妈妈。妈妈在哪里，孩子就会带着玩具去哪里找妈妈。这大致是因为孩子在人生最初的日子里，妈妈对孩子无微不至的回应让母子之间形成了紧密的依恋关系。孩子觉得妈妈就是自己的安全基地。外面的世界充满精彩与刺激，而回到妈妈身边就感到安稳可靠和放松。妈妈们也许都会记得带自己的孩子串门或是上亲子班，小孩子会紧紧依偎在妈妈怀里观察陌生的环境，熟悉之后会开始探索，但是离开妈妈几步便会回头看看妈妈，甚至回到妈妈的怀抱，之后再走远，再回来……独立的人生便这样在探索未知与寻求安全之间逐渐形成。但无论走多远，最初岁月中母子联结所带来的安全感都会长长久久地与孩子相伴。所以，在孩子急切寻求妈妈，需要感受妈妈陪在身边的年龄，不如顺势把孩子的游戏区设置在让孩子能够看到、听到、感受到妈妈的地方。

根据我的经验，我们可以在客厅光线比较好的地方给孩子开辟一个游戏区。但是需要规划得当，花点心思把这个游戏区巧妙地隐藏起来。比如很多家庭喜欢把这个游戏区设置在沙发和电视墙的中间区域，这样，它就会处于一个完全无视线遮挡的核心区域，一旦乱了，整个客厅都会显得很乱，爸爸妈妈看了也会非常闹心。

我建议在沙发的侧面设置游戏区，或者用一个小书架做一个隔挡。总之，不是一进门就看到大片游戏区，这样也避免大家每次下班回家看到的都是"一地鸡毛"的抓狂景象。下图是我之前为客户家里规划的游戏区。

▶第三招：简单分类，方便收纳

我们的终极目标，当然还是希望孩子能够学会自己整理自己的物品，好让我们彻底解放出来。所以从一开始，我们就要朝着这个目标努力。怎么努力呢？

最开始就要提供给孩子科学的分类方法，以及合理的收纳工具。之前我们说过，日常生活中的分门别类也是一种数学思维的培养。循序渐进地帮助他们养成分门别类的习惯，慢慢地就可以形成良性循环了。

分类收纳有以下几个要点。

1. 分类要简单

分几个大类就好，孩子年龄越小，分类就要越少，循序渐进。否则太复杂，会劝退孩子。

保持基本分类就好，如玩偶毛绒类、积木拼插类、益智类、交通类、户外玩具等。

2. 拿取要简单

年龄越小，拿取越方便越好。比如年龄小的孩子，可以采用开放式收纳的方式。年龄大一些的孩子，再使用封闭的收纳盒，看起来更整洁。

孩子小的时候，推荐下图中这种开放式的收纳架，一眼可见，对年龄小的孩子非常友好。

塑料材质比较轻，只要材质安全，对孩子拿取来说会很方便，同时也减少每次玩玩具都要喊大人的情况。能够独立完成一些简单的整理也能够让孩子增强自信心，培养正面的自我认知。从日常生活的点滴开始，树立"我可以""我很棒"的观点。

3. 归位要简单

合理使用工具或收纳袋，让归位动作越省事越好，慢慢培养孩子的归位习惯。

对于一些经常玩的大型玩具，甚至可以直接摆在高度合适的台面上或者地上，孩子们玩起来是最方便的。

孩子慢慢长到2岁，可以尝试一些隐蔽+开放的收纳方法。图中这款玩具柜，它有一个台面可以展示一些大型玩具。我们可以根据需要配大、中、小三种尺寸和不同颜色的收纳盒，对孩子们的操作很友好。

▲ 本照片版权属于Calo

这款玩具柜还可以根据孩子的身高调整，横放更适合小一点的孩子。等他们长大了，竖起来当书架使用，还可以节省空间。

家有两宝，喜好不同也不怕，可以打造一面墙的玩具 + 绘本区。

还有很多种收纳盒可以选择，优先推荐材质轻巧的款式。这是之前给喜欢恐龙的小朋友配置的收纳盒。

针对不同类型的玩具，我们可以有不同的收纳方案。

以小男生特别喜欢的小汽车为例，迷你款的可以上墙，节约空间的同时展示效果也很不错。

▲ 开放式的设置，让孩子好拿好放，既可以收纳，还能成为墙面的
一道风景

▲ 可以根据汽车玩具的大小定制格子

喜欢乐高的孩子不在少数，如果是小孩子玩的德宝大颗粒系列，建议选择一个大收纳盒，玩的时候倒出来，不玩的时候再丢回去，甚至可以用专门的撮子装回去。

还可以考虑把展示和玩耍分开，拼好的乐高放在展示柜中，用来玩的乐高放在收纳盒中。

对于孩子们爱玩的拼图类比较零碎的玩具，我非常推荐用密封袋来收纳。比如拼图，如果少了一小片就没法玩，所以用密封袋收纳，既方便拿取，又不容易丢失。

孩子们喜欢的长枪短剑和泡泡枪都比较长，可以同雨伞收纳在一起。塞到门后或者墙角，平时眼不见为净，需要的时候拿出来就用。

怎么样，有了这样一套完备的收纳整理方案，孩子的各式玩具是不是也不那么难整理了？各得其所就好了。

▶ 选购角色扮演游戏类玩具的小妙招

学龄前的孩子大多有一个阶段喜欢玩有想象力的游戏，或者叫角色扮演游戏，模仿自己身边看到的人和事。比如假扮成医生看病开药打针，比如假扮成老师，自说自话，给自己的毛绒动物们上课等。孩子通过这种角色扮演来理解和整合自己的社会经历。在这个过程中，我们经常会看见，例如，孩子拿一支笔当作注射器给娃娃打针。这个看似简单的动作其实告诉我们，孩子能够把物品的本来意义（写字用的笔）与物品剥离，并赋予物品以新的意义（注射器），让它服务于自己的想象（我是医生，在给病人打针）。这是孩子抽象思维发展中的关键一步，孩子仍然需要发现笔和注射器具有共同的特质（都是细长条）。

所以，在我们选购此类玩具的时候，不妨尽量选择一些可以帮助孩子进入想象情境并且提供多种可能性的玩具。比如大块的布料可以供孩子披在身上当作斗篷，或者垂到桌边当作帐篷，或者盖到娃娃身上当作被子。比如可以用彩泥或者超轻黏土做成各种食物的原料，做炒菜的游戏，等等。

04

如何整理童书

◎

除了玩具之外，童书的整理也是一个让爸爸妈妈们头疼的事情。作为爱书的文艺青年，一旦有了娃，买起书来肯定也是绝不手软。时间一长，绘本也会堆得到处都是。下面我们就来说说童书如何整理。

➤ 精简数量，把好入口

大家会说，你有没有搞错，看起来和整理玩具的方法是一样的啊？对，确实没错，因为万事万物的基本逻辑是相通的，整理也是如此。

早期亲子共读的重要性已经得到国内外研究人员的证实，那就是可以增进亲子关系，帮助孩子养成阅读习惯，并且能够促进语言的发展（详见后面的"亲子共读小贴士"）。松居直曾经说过，从小给孩子读书，会潜移默化地让孩子感觉到，书里蕴藏着很多有意思的东西，于是孩子在还没有真正开始"读书"的时候就已经爱上了读书。但是书籍的选择和整理与玩具类似，在精而不在多，因为多了就会分散孩子的注意力，让年幼的孩子眼花缭乱，难以抉择。对于3岁以下的孩子来讲，我们不妨重点选择一些制作精良、图片清晰、色彩丰富、情节简单鲜明的书。

不知道有没有妈妈和我一样，热衷于给孩子买书，总感觉囤书没错，有时也不考虑孩子的年龄，看到觉得不错的就入手，结果不知不觉家里的书堆积成山。

关键是每个孩子的阅读兴趣和喜好是无法预测的，比如我家儿子小团子，从小最爱看的书居然是地图和百科类书籍，我买的很多童话和故事书他基本没看，最后打包卖给了一个开幼儿园的朋友。

囤书会占据你家空间不说，关键是完全没有必要。因为书籍尤其是童书肯定不会买不到，受欢迎的书肯定会不断再版。需要买的时候电商平台当天就能到货。

与其花时间管理囤书，不如花时间陪娃读书，与其花空间囤书，不如把空间留给孩子。

当然如果你和我一样，买也买了，那就采用使用和囤货分开大法。把囤货放到书柜高处或者其他储物空间。

这个阶段的书籍如果不是特别多的话，可以暂时不考虑整理问题，等孩子长大了确实不看的时候再自然流通就好。

➤ 打造亲子阅读时空

对，没看错，除了打造阅读空间你还要打造亲子阅读时间。

先来说说空间，一般来说，建议阅读区和游戏区挨着。一方面，玩耍是孩子的天性，几乎不需要引导，但阅读习惯是需要花时间培养的。把阅读区和游戏区挨着，甚至孩子小的时候这两个区可以合并，比如书籍放柜上，玩具放柜下，或者玩具柜和书架肩并肩都是可以的。这样做，可以让孩子从小就觉得阅读也是玩耍的一部分，想看书的时候随时可以自取，轻松且有趣。

当然阅读区的设计也需要充分考虑孩子的特点。特别是0~3岁这个阶段，对于孩子们而言，看不到的东西就等于不存在，所以收纳特别推荐下图中这种展示型的书架，对孩子非常友好，一眼就能看到自己喜欢的书。使用这种书架的时候，每层放置的图书不宜过多，特别是如果孩子只有一两岁的话，书与书之间最好能留点空隙，这样方便孩子独立取阅。

但这种书架存储量有限，所以可以和传统书架搭配使用，也可以采用轮流展出的方式，让孩子有机会接触更多的书籍。

传统书架可以选择下图所示的书架。

　　一些储物能力强的书架，孩子小的时候可以横着放，空着的地方还可以放玩具。

　　等过一段时间孩子长高了就可以将书架竖起来，拿书方便。

而且孩子会觉得很有意思，也乐于去拿书。

　　除了和游戏区在一起的阅读区之外，建议在孩子睡觉的地方也打造一个迷你阅读角。

如果空间不够，一个小篮子或者一个小推车的一角就足够啦。

对于一整套的绘本，也可以购买透明的绘本盒集中收纳，查找起来很方便。

现代社会大家都非常忙碌，爸爸妈妈往往也需要工作，那么

从时间表里找出一个可以陪孩子的时间就非常必要。团子小的时候，我和团子爸都需要外出工作。我们的安排就是我下班争取立即回家，吃完饭后陪他玩一会儿，因为孩子睡得早，我们往往晚上 7~8 点就开始洗澡、换睡衣了。团子爸工作比较忙，但他会赶在团子睡觉前回来给他讲故事。

床头一盏小灯，一大一小两个人，一本书一段美好的亲子时光。我们曾有过一本小熊宝宝绘本讲过 100 次的经历。记得有一次给小团子讲《丁丁历险记》，足足讲了 1 小时，直讲到口干舌燥。珍惜每一个能给孩子讲故事的晚上吧。这段时光很快就会过去，这将是你和孩子拥有的美好记忆和幸福时光。

▶ 亲子共读·小·贴士

世界范围内的家庭教育研究告诉我们，亲子共读能够增强孩子与养育者之间的情感纽带，丰富孩子的词汇量，增强语言理解力，提高专注力，使孩子更有想象力和创造力，并能教导孩子如何应对困难和挑战。

亲子共读从孩子出生后就可以开始。虽然起初的几个月，你怀里的小婴儿貌似并不能理解书中所讲，但是你的声音、语气，和你怀里的温度会传递给孩子美好的感受，甚至让他因为喜爱与你相伴共读的感觉而爱上阅读。虽然此时的孩子尚不能说话，但是爸爸妈妈可以通过观察孩子的身体语言来了解孩子的想法。比如，你为孩子读书的时候，他或睁大眼睛，或面带微笑，或兴奋得小腿踢踢，那就说明孩子很喜欢你读的书。反之，如果孩子注意力并没有集中在书上，或者表现烦躁，或者打挺，则说明此时并不是给孩子读书的好时机。

孩子首先通过各种感官认识周围的世界，看见某样东西用手抓起来放进嘴里，这一系列动作表明孩子可以将不同的感官整合起来，手眼协调能力也有了进一步发展。所以很多家长会看到这个年龄的孩子抱着书啃页角，这种行为其实再常见不过了，这是孩子在探索和认识书籍！因此我们选择图书的时候，可以寻找那些能够丰富孩子感官体验的图书，比如带有不同触觉、带有镜子，甚至能发出声音的图书。

随着年龄的增长，一岁以后，有些孩子会特别青睐某一本书，让你反反复复地读给他听。重复是孩子学习的重要方式之一，所以爸爸妈妈可以做的第一步就是满足孩子重复读书的需求，比如在孩子的要求下把一本书一口气读上五遍！

在此基础之上，你也可以开始给孩子提出简单的问题，比如让他指给你，"好饿的毛毛虫在哪里呀？"或者指着书中的奶牛问孩子，"奶牛怎么叫？"如果孩子已经开始学说话了，那么不妨试着跟孩子一起讨论书里的画面，"毛毛虫今天吃了什么呀？"这样的交流可以帮助孩子发展思考能力和语言能力。

随着孩子语言水平和理解能力的发展，爸爸妈妈在读书的时候可以提出更加复杂的问题，比如，"他为什么哭了？""她有什么感受？""你猜猜然后会发生什么？"

　　另一个亲子共读的小妙招是把书里的内容与孩子的真实生活经历联系起来。比如，"小鳄鱼在刷牙，你每天是不是也要刷牙？你是怎么刷牙的？"还可以让孩子模仿书中人物的动作，做角色扮演，"你能不能像这个小兔子一样蹦蹦跳？"

05

0~3岁，独立和生活习惯养成

在上亲子整理课的时候，我曾经问过很多人："你抚养孩子的目的是什么？"我也特别开心收到了大家的回复（以下为微信截图）。

> @整理专家Coco 我举手回答😊养育她的目的，是希望她无论身边有没有我们，都能高高兴兴平平安安，既能独处也能有伙伴，能妥善处理自己生活中的问题，能在短暂的人生中活成她自己最喜欢的样子。

> @整理专家Coco 我希望随着孩子的成长，他是他，我依然是我。我们互有交集，但又互相独立。
>
> 让他或她接纳自己真实的样子，能够独立思考、有独立的生活能力吧……虽然这并不容易😅

> @整理专家Coco 希望孩子能够发现自己，并坚持做自己，逆境时心中能有一束光，顺境时不忘初心和过往。

> @整理专家Coco 希望孩子有个开朗的性格，遇事不较真，懂得分享，珍惜拥有的一切（拥有的可能不是最完美的）。对自己的决定不后悔，对自己和别人的错误学会原谅。

这里面反复出现了几个关键词，其中之一就是独立。那么，为什么独立对孩子如此重要？我们又如何才能把孩子培养成一个独立的人呢？

我曾经看过一部电影叫《狐狸的故事》，狐狸妈妈为了让小狐狸能独自生存，甚至会把它赶走。看的时候我真是一边感慨，一边暗自窃喜。感慨的是，哪怕是动物，父母也会希望子女独立；

窃喜的是，我们不是动物，不需要硬着心，用这样痛苦的方式逼迫孩子不得不独立。

对于孩子来讲，成长的过程是安全感与独立之间动态平衡的过程。比如刚刚学会爬行或者走路的宝宝，常常喜欢离开妈妈，向未知进发，却时常回过头来看看妈妈，或者回到妈妈的怀抱待上一会儿，然后再次出发。在这个过程中，作为父母的我们，其实并不是什么都没有做。我们是孩子的安全基地（怀抱随时向孩子敞开，按需供应），我们为孩子独立能力的锻炼提供了合适的机会（带他走出家门，从小范围开始鼓励探索），并且信任孩子，恰当地放手，既没有过度保护，也没有过早切断与孩子的连结。也就是说，当我们为孩子提供充足的安全感、信任感，以及与孩子的能力相匹配的平台和机会的时候，那么独立自然就会到来。对于年幼的孩子，独立，并不是"唉，没有办法，没有人陪着我，照顾我，满足我的需要，我只能自己保护自己"的无奈之举。独立，是在拥有足够安全感的基础上自主自愿地向外探索，是"哇！我可以"的成就感和自豪感，是"世界好大好奇妙"的欣喜和兴奋，是知道无论走多远，背后都有父母家人的盈盈目光在注视的笃定与从容。

那么问题来了：我们该怎样给孩子提供练习独立的机会，怎样培养孩子独立自主的意识和能力呢？其实在日常生活中，让孩子学会自己的事情自己做就是个事半功倍的办法。还有一个原因——我和我先生都觉得，为人父母的任务之一，就是帮助孩子有能力脱离我们而生活。这样，就算有分离的那一天，你也可以为他们能好好生活而感到欣慰。

为此，我建议大家从心理、空间、程序和物品四个方面努力。

➤ 心理建设：爱孩子之前先爱自己

作为一个妈妈我知道爱孩子很重要，但其实爱自己更加重要。

坐飞机的时候不知道大家有没有注意到飞机上的广播会说："请先戴好自己的氧气面罩，再协助他人。"当妈之前没感觉，当妈之后一度心存疑问："难道不应该先给孩子戴吗？"

为此我还专门研究了一下，如果在你给孩子戴的过程中出现状况，例如你晕倒了，那么你和孩子就都处于无人帮助的窘境。但如果你先给自己戴好了，即使孩子有情况发生，你也可以帮助孩子。后来上网搜索了一下，还真是，人在极端缺氧的情况下几秒就会晕倒。如果你戴好了再帮孩子，会更靠谱。

母爱是非常伟大的，相信一颗子弹向孩子飞来，如果可能，很多妈妈都会毫不犹豫地替孩子去挡，因为我们希望把更美好的未来留给他们。

但真实生活中，我们还是要冷静下来，先爱自己才能更好地爱他人，包括孩子。

我在与别的妈妈交流的过程中和自己的经验中发现，如果一个妈妈总是处于紧张、忙碌、疲惫的状态中，即使她很爱孩子，也难免会因为累、困、饿，还有情绪方面的疲惫不堪而无法以好的状态与孩子相处。试想一下，孩子同样的一个举动，比如在雪白的墙上用黑色铅笔涂鸦，在你身体疲惫、心情烦躁的时候是不是会想"还能不能让人省点心？"而心情好的时候就会想"画了就画了，其实还挺有天分／创造性／童趣"。当下心境不同，又会生出不同的态度和相处方式，以此类推。所以说，作为一个妈妈，如果只输出不输入，先把自己掏空了，岂不是很可怕？

还有一种误区就是妈妈过于爱孩子，为了孩子放弃一切，严重的甚至没有自我。其实孩子一般过了 18 岁，也可能更早，就不再属于你了。那么划清界限、懂得放手这事就得早早规划。

年少时看亦舒，里面有这么一段对白：

"多年来我都在找一个敬佩的、仰慕的、可依赖的、为我好、事事以我为先、忠诚、耐心的人。"

"结果你找到了。"

"不，我没有找到。"

"怎么没有？"

"那个人是你自己，经过多年的努力，你终于符合你自己的标准。"

这段话对我的震撼很大，多少年都忘不了。成为妈妈后，我也希望自己和孩子各自独立。

➤ 三种空间模式任你选

婴儿期，孩子以睡为主，每天可能睡十几个小时。空间模式可以有三种。一种是不同房不同床，用婴儿监控器了解孩子的情况。这种国外用得比较多，国内相对少一点。

第二种是同房又同床。不知道大家是不是都和我一样，最初的时候是和孩子睡一张床，但建议给孩子一张床中床来保证安全。说不安全是因为大人翻身时会存在压到孩子的风险，特别是月子里的妈妈几乎每1~2小时就要醒一次，时常处于非常劳累的状态，还是靠硬件保证孩子的安全比较好。

第三种就是有了一定喂养规律之后，同房不同床。外国家庭的孩子从小就一个人睡一个房间，中国的国情更多的还是和大人一个房间，便于照顾也不影响家里的其他人。

分床也有很多形式，在孩子小的时候需要母乳喂养，可以把大床和小床靠在一起，便于抱进抱出方便照顾。

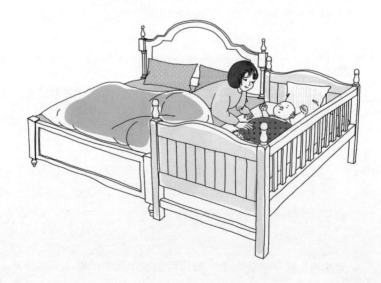

从小有自己独立的空间，同时也有妈妈爸爸的气味，其声音不离左右，即使睡觉也安全感满满，这样未来分房也会更顺利地进行。

➤ 作息程序建立

0~3 岁，孩子的作息时间也是不断变化的。从 1~2 小时醒一次，慢慢过渡到有规律的作息。从上下午两个小觉到一个午觉，最后变成没有午觉超长待机。

规律的作息对孩子发育和安全感建立（知道大致什么时间会发生什么，让幼小的孩子也能获得一些掌控感）都非常有帮助，建议大家可以多多在这方面努力。

作息规律需要借助一个简单的时间表，大概安排什么时间干什么事情就可以。固定之后，便于照顾宝宝不说，也方便安排爸爸妈妈的时间和今后外出活动的时间。

特别是每天晚上的睡眠程序，慢慢建立并不断重复之后，就连现在 12 岁的小团子也是早睡早起的模范，每天晚上 9 点就上床睡觉啦。

➤ 帮助孩子独立的物品

只要是对孩子友好的，无论是帮助他们能够到水龙头的小凳子，还是可以锻炼他们自己吃饭的餐具，都是帮助孩子独立的物品。

3~6 岁幼童
亲子整理篇

06

轻松入园和阅读、运动习惯的养成 ◎

3 岁开始，大部分孩子会面临人生中的第一次离开家独立闯世界：入园。有的孩子入园的年龄甚至更小。

➤ 入园准备

作为孩子从家庭迈向社会的第一步，爸爸妈妈们可以提前规划做好入园准备。建议从以下 3 个方面入手。

1. 心理建设

提前半年或者一年，早点也没错，抓住机会就给孩子讲讲幼儿园是干什么的，如果能去一些幼儿园或者类似的学前教育机构参观体验或者参加一些活动的话，那就更好啦！当然如果有机会遇到已经上幼儿园的大哥哥大姐姐也可以让他们讲讲。但需要注意的是，爸爸妈妈、哥哥姐姐作为"过来人"，对幼儿园的讲述是建立在自己经验的基础上，而孩子们毕竟还没有过切身体验，所以未必能想象出我们脑海中的画面。那么讲的时候注意也别太夸张，可以考虑配一些图片或者小视频，帮助孩子理解。可能的话，让孩子多多出去接触同龄人，甚至参加一些不需要父母贴身陪伴的集体活动。创造机会让孩子体验"爸爸妈妈不在这陪我，但是我也能玩得很快乐，他们一会儿就回来接我，他们无论如何都会来接我"的感受。这些都能够帮助孩子减少入园初期所要面对的分离焦虑。

2. 作息调整

小团子从小是按晚九早六的时间入睡和起床的。这样的好处是上幼儿园会很方便，不用额外花力气调整。如果睡得晚的孩子可能需要提前至少一个月开始慢慢调整，每天早睡 10 分钟也好，慢慢睡得早了自然也起得早。另外就是午睡，在调整早晚起居时间的时候，也要逐渐锻炼孩子独立入睡的习惯。试想一下，在幼儿园里，午睡前这种困倦的时候最容易让人脆弱想家，哪怕身旁有老师的陪伴，而自主入睡的能力能够帮助孩子更快适应幼儿园的生活。

3. 收纳调整

上幼儿园之后，每天早上一起床就会紧张起来，特别是需要上班的爸爸妈妈尤其如此。所以提前把外出的衣物或者上班要带的东西准备好，方便第二天早上飞速出门就非常有必要。有需要的家庭可以对玄关和衣柜的收纳进行调整，看看如何能更快更方便地出门。

阅读习惯养成

如果我们从小就一直花时间陪孩子阅读，那么阅读习惯则不难养成。为人父母的我们也并不需要在读书上对孩子说教，只需要与孩子拿起书，找一个地方舒舒服服地依偎在一起，然后开始阅读就可以了。这柔软的怀抱、静谧从容的时光、熟悉的嗓音，还有共享一本书的美好感受，会在孩子未来独自阅读的时间里常常陪伴在他们左右。这就是亲子共读的力量吧！更何况现在的童书真的是越做越好，只有你想不到没有你买不到的。很多童书，连我这个大人都看得津津有味。但如果想让阅读习惯陪伴孩子一生，我们还真得动动脑筋。

除了之前说到的创造亲子共读的时间和空间外，还有几件事可以做起来。

1. 选择孩子感兴趣的书

有的朋友说孩子不愿意看书，我一般都会先问问："你给孩子看的什么书？"为了鼓励阅读，一定要选择他们感兴趣的书。孩子小的时候这个不难，小团子从小就特别喜欢车，所以我就买了《轱辘轱辘转》这本有 400 多种车型的书。这本他喜欢的书真的是常看常新，都被翻烂了但整理书的时候小团子还要求留下。后来他又喜欢上了消防员，我们又买了本《忙忙碌碌镇》。

　　也可以看看周围的孩子都在看什么书，孩子之间往往会聊他们感兴趣的东西，他们也会对朋友感兴趣的东西好奇而想要了解。团子的好朋友以言看《丁丁历险记》，刚好我们家有一套，所以团子3岁就开始看书了。

　　2. 建议阅读区和游戏区相邻设立

　　阅读在孩子小的时候确实需要爸爸妈妈投入更多的精力加以培养。所以在做空间规划的时候，我们也建议让阅读区和游戏区挨着，越近越好。孩子玩累了看会书正好动静结合，如果能让孩子理解看书也是一种娱乐方式那就更好啦。

3. 正面鼓励和引导

当人有动力干一件事时是会从中获得正面的东西的，孩子也是如此。所以不把看书当成任务和负担，而是让孩子从中感受到快乐和开心才是最重要的。比如，读完一本书，跟孩子聊聊书里面的情节，喜欢哪些，不喜欢哪些，哪些好玩等。还可以把书里的内容跟孩子的生活联系起来，比如看完《各种各样的家》，就可以跟孩子说说我们住的小区什么样，放假去郊外看到的房子什么样，住在里面会有什么感受等。再有，如果是绘本的话，可以跟孩子讨论绘本的插图，让孩子猜猜看书里发生了什么，记住，封面和封底上的内容往往藏着很多有趣的细节和线索哦！

当然，如果家长本身就有阅读习惯那最好，没有什么力量比榜样的力量更强大，以身作则亲自示范都是很好的。如果家长不爱看书，或许也可以借此机会努力尝试一下，也许书里藏着许多未曾想到的惊喜也说不定哦！

➤ 阅读与电子产品

我们知道，为兴趣而读书（读自己喜欢的书）对于阅读能力的提升非常重要。今天我们阅读可以选择印刷成册的纸质书，或在电子产品上阅读。英国的科研人员曾经做过一项调查，发现只使用电子产品进行阅读的孩子，整体阅读能力要差于阅读纸质书（或者纸质书＋电子产品阅读）的孩子；而使用电子产品阅读的孩子更少喜欢读书，更少拥有自己最喜欢的书籍。因此，这些科研人员表示，虽然电子产品无处不在，但是我们不能因此而摒弃纸质书。

之前也说过，阅读是需要主动吸收知识的，在阅读的过程中可以控制速度，也可以停下来想想或者进行前后对照等；而看电视则是被动吸收知识，无法控制速度，无法停下来思考，而只能跟随节目的速度和节奏。短视频更是碎片化的特征极其突出。所以还是先养成阅读习惯再接触电子产品为好。真的不是我危言耸听，自从有了智能手机，很多人的阅读量大幅度减少。比如，我过去几乎每天都看书，但最近几年阅读量大幅度下降。因为学习或者看书真的好累，但是我也发现了系统学习和深度阅读是无可代替的，所以又重新开始了阅读，确实感觉非常好，也能学到很多东西。

对于孩子，我们还是要鼓励他们多读书读好书，读书时间不限，读书地点不限，但读的书还是要把把关，内容健康，开卷有益就好。

电子产品一定要限制使用时间。我也和团子小朋友讨论过，如果让他无限制地尽情玩会怎么样？他自己想象了一下也说那就没意思了。但如果你不让他玩，孩子可能反而会更有兴趣。据说有个大一学生因为之前从没有接触过电子产品，上大学后就开始沉迷于电子产品，到了废寝忘食的地步，结果荒废了学业导致被学校劝退。

当然，爸爸妈妈最好自己能以身作则，多读书，多学习，少看手机，否则说服力严重不足，只会让孩子模仿，而不会让孩子信服。

▶ 运动

冬奥会上的谷爱凌刷屏了，但不知道大家有没有注意到，其实她们一家人都有很强的运动天赋，妈妈和姥姥都是大学时期的运动高手。

让孩子养成运动的习惯也很重要，因为健康的身体才是一切的基础和根本。运动可以帮助孩子释放过多的精力（人称"放电"），参与运动难免要克服一些困难，挺过身体上的疲劳，这个过程也能够培养孩子坚韧的意志。

从小开始，慢慢来。婴儿阶段的主要运动是游泳，小团子从7个月开始亲子游泳，每次游完都是睡得又好，吃得又香。

幼儿阶段，可选的运动也不多，可以试试玩滑板车和骑自行车。

专业的儿科医生说过，骑自行车可以很好地刺激腿骨的发育，怪不得现在的小朋友个个身高腿长。

无论哪一种运动，最重要的还是安全。小团子2岁多骑滑板车摔了一跤，幸亏当时戴着头盔，要不然肯定要缝针，因为头盔都被摔出了一个大裂口，想想真是后怕。头盔、护具、夜光背心、车灯都是必要的安全用品，建议家里都备一个。

07

轻松打造孩子自用的衣柜 ◎

无论是对于妈妈还是孩子，入园都是个大事。除了选择和自己教育理念一致的幼儿园、提前调整好作息时间、学习基本生活技能外，孩子的衣柜也可以跟着做一些相应的调整，好帮助妈妈和孩子节约早上的时间。

从源头入手，这个阶段的时间安排往往是周一到周五在幼儿园，周末才有外出的时间，所以可以根据 5 套幼儿园穿的衣服 +2 套家居服 +2 套睡衣 +2~3 套周末衣服 +2 套特殊场合衣服为基础来打造衣柜。

因为在幼儿园会有比较多的户外活动，所以一般选择舒服、透气的衣服。我还会特别注意选长度至少过膝盖的裤子，裤子长一点，就算万一摔倒了，磨破裤子也好过磨破膝盖。

孩子回家会换家居服，洗澡后换上睡衣，这种小小的安排能让孩子知道要睡觉了。

偷懒的话，孩子周末穿的衣服可以和平时差不多。如果外出想穿得帅一点的话，也可以准备一件衬衫＋一件小西服，应对一些需要正式着装的场合。一般我都是在网上买，穿一次就回本了。

这个阶段的整理需要注意，孩子长大了许多，对于穿哪件衣服往往已经有了一定的自主意识，不再是任你打扮的乖乖宝了。这个年龄段的孩子也往往有了自己的审美。需要我们大人注意的是，孩子的审美与大人不同。我们关心的往往是颜色、搭配、场合、风格、时尚等，而孩子们选择衣服更多的是对内心向往的和热爱的不加掩饰、毫不含蓄的表达。比如一个孩子会每天只想穿同一件衣服，只因为胸前印着的奥特曼／超级飞侠／小公主艾莎。所以家长选择衣服的时候，不妨多让孩子参与一下，问问哪些衣服他们喜欢穿哪些不喜欢穿，为什么。或者妈妈也可以根据自己的经验判断，这样今后买衣服的时候就可以更有针对性，避免你花了大价钱买回来的衣服人家还不穿的尴尬情况。同时也能够向孩子传递出"你的意见很重要，值得被听取、被尊重"的信息，让孩子从生活的点滴小事中提升价值感和自尊心。

当然，还有的时候，孩子独立选择的衣服颜色搭配，或者头发上的小配饰的数量太多，让爸爸妈妈们觉得一言难尽，不忍直视。这个时候要捂紧自己的嘴巴，因为这是孩子重要的自主探索的学习过程，这是最好的尽情尝试的年龄，不到万不得已，不要去纠正。可以考虑利用其他机会来影响孩子对衣物搭配的理解。还可以利用不同的时机向孩子解释一些相应的穿衣规则，比如去什么样的场合需要搭配什么风格的衣服，什么样的天气要穿什么厚度的衣服等。

除了注意买尺码合适的衣服，孩子们户外活动多，经常穿的衣服难免会弄脏弄破，所以买点物美价廉的牌子就好了。我觉得不用为了孩子的外表光鲜而给孩子穿昂贵的衣服，因为孩子有可能会怕把衣服弄坏弄脏（怕惹家人生气）而束手束脚。而物美价廉、布料结实的衣服能让孩子痛痛快快、心无旁骛地尽情玩耍。

打造一个孩子可以自己选择衣服的衣柜是个不错的主意。毕竟早上的时间宝贵，爸爸妈妈们肯定不想在选衣服环节花太多时间。这个阶段最重要的依然是确保孩子自己可以拿取衣服，这样可以节约不少时间。毕竟自己选的衣服怎么也要穿不是吗？所以这个阶段可以有以下三个选择方案。

一是继续使用之前的抽屉柜，可以把底部的抽屉分给孩子，既可以确保孩子能拉开抽屉并拿到衣服，同时也给爸爸妈妈的老腰一些福利。友情提示：为了安全考虑，建议把抽屉柜固定在墙上以防止意外倾倒。

二是如果有空间或者条件，可以给孩子准备一个小衣柜，把日常穿的几件衣服悬挂起来。友情提示：挂杆的高度应该是孩子的身高 +10 厘米左右对他们最为友好。

三是可以两者结合，外套类的挂起来，其他衣服放在抽屉里。因为孩子很可能不知道外面的气温，妈妈可以根据天气情况指导他们穿合适的外套。

等到上小学前半年，这个阶段的衣柜我更强调高效，毕竟早上起床、吃饭、孩子上学、大人上班基本上像和打仗的节奏差不多。

高效衣柜的一个要点就是精简衣服。算算孩子上学每周5天＋周末＋特殊场合，每个季度有10套衣服肯定够了。当然如果是可爱的小女生可以多点，我家小男生实在没有什么花样可玩。

确定好这个规划之后，找准自己和孩子喜欢的品牌，购买也可以一季度一次，高效搞定。

我专门给小团子设计了一个衣柜，从上到下分成储存、非当季和当季三个区域，如图所示。

收纳盒1 换季衣物	收纳盒2 床品	收纳盒3
上装/非当季悬挂区		
下装/当季悬挂区		抽屉1：袜子
		抽屉2：内衣
		抽屉3：家居服

　　思路是，孩子每天使用当季区域，早上的时候他自己脱下睡衣放到"今晚睡衣"盒子里，然后自己选衣服裤子＋袜子穿好；非当季区域比较高，由我来管理。换季的时候也很简单，上下对调一下就可以了。但有时我会趁着换季看一下哪些衣服小了不能穿了，然后流通一批，再看看缺什么补一下货。

完成后的样子如下图。

这个衣柜的收纳很简单但非常好用，每次只要洗好衣服挂回去、把内裤袜子家居服叠一下就可以了，维护工作每天最多需要 5 分钟，却可以常年保持不乱哦。

衣柜里面使用了几个非常经典的收纳工具，下面给大家一一介绍。

最上层的三个收纳盒，严丝合缝地放在衣柜中，除了充分利用空间外，带把手的设计非常友好，不踩凳子也可以拿下来。里面装的是孩子冬季的羽绒服、棉服之类的外套。秋冬的时候，这些衣服会放到一楼的玄关区域，穿的时候很方便拿取，同时也不用担心把细菌和病毒带到卧室。

中间区域只有挂杆和衣架，最开始使用的是儿童衣架，后来统一换成了和大人衣架一样的儿童款，颜色也比较简单，看起来更加清爽和整齐。

下层的三个抽屉中，每个里面配合放置的物品使用了不同的收纳盒。当然，如果犯懒，也可以直接丢在里面就好。

如果孩子继续成长，我们就可以参考大人衣柜，挂杆上层挂上衣，下层挂裤子，抽屉放内衣、睡衣、袜子就好。所以这个千元配置的衣柜足足可以用上十年八年没问题。或者我们也可以问问孩子，你想要个什么样的衣柜？让他们自己的地盘自己做主，妈妈们也可以轻松一些。

08 让孩子养成从小参与家务劳动的习惯 ◎

不知道妈妈们有没有听过一个段子：织女最好了，每年就看孩子一下，其余时间都是爸爸在管。如果有可能，相信大家也会希望孩子什么都会自己干吧。梦想还是要有的，万一实现了呢。玩笑归玩笑，从小教孩子参与家务劳动，不仅能让妈妈解放出来（当然开始的时候可能会加倍忙乱），而且能够培养孩子的自信心和成就感。或许有人说，我家有阿姨照顾，家务活不需要孩子动手。但其实，通过参与家务劳动所获得的"我真能干！""我也可以给家里做贡献！""我长大啦！"的自信心和价值感是弥足珍贵的。并且，和孩子一起干活，能够让孩子有参与感，增进亲子关系，并且这也是谈心的好机会！记得小时候，每次家里包饺子，我都很喜欢和家里人一起择韭菜。拿起一小把韭菜一边学着大人的样子细细地择，一边聊着孩子眼里的小小世界，时光慢悠悠的，安静而美好。

其实，让孩子参与家务劳动还是锻炼孩子专注力的重要方式。

幼小的孩子要尝试锻炼大肌肉（负责跑跳之类的运动）和精细肌肉（负责捏起细小物品，使用铅笔、剪刀等）。想要培养学龄前儿童的专注力，需要先让孩子动起来，大肌肉首先得到发展，精细肌肉才能跟上。这也是为什么在蒙台梭利教室里，如果老师发现一个孩子很难安静专注的话，往往不会强行要求孩子坐得住，而是会先引导孩子进行大肌肉相关的活动，比如擦玻璃，擦桌子，打扫地面，（条件允许的话）照顾小花园。所以说，家务活真是不可替代的。万丈高楼平地起，我们想让娃将来什么都会自己干，就要从小培养。

此外，我们还可以从衣食住行四大方面入手。

衣服的部分已经讲过啦，我们今天从食说起。

▶迷你小水吧

如果有可能，我特别建议大家打造一个小水吧，就是把喝水、喝茶、喝咖啡相关的物品找一个地方集中收纳。特别是现在厨房物品多，空间紧张，如果能在餐厅区域搞个小水吧，缓解厨房压力的同时还可以让喝水这事变得更方便、更舒服。

下图是我家的餐边柜，左侧区域就是一个迷你小水吧。靠墙设计了杯架，收纳了一家人常用的杯子和日常要吃的保健品。右

侧是一个电热水壶，水烧开之后可以设置温度长期保持，我设的是 98 度。而且有童锁设计，避免孩子们触碰。杯架前是一个凉水瓶，放的是烧开晾凉的水。无论是泡热茶、喝凉白开或者喝温水，都可以在这个小水吧迅速解决。

孩子小的时候我会给他准备一个保温杯，放好温水，他自己想喝的时候就可以随时过来喝。等他大一些让他自己选一个喜欢的杯子，然后就可以鼓励他自己倒水喝水啦。

餐边柜左侧第三层是收纳保温壶、水壶的地方，孩子再大一些时，还可以让他自己装水带水，妈妈更省心了。

➤ 鼓励孩子从小学做饭

在一次活动中，我有幸认识一位前辈，她说她从小就会做饭，工作之后更是因为会做饭结识了好多朋友。

我始终觉得家务是每个人都要学会的，无论男孩女孩，学会做饭将来走到天涯海角也不会饿肚子，甚至在异国他乡还能借助厨艺认识新朋友。我的一个朋友，本科毕业以后去北欧留学，凭借一道简单的炒土豆片（因为她并不会切土豆丝）而结识了一个北欧同学，成为密友，并且获得她和她全家人多年的关爱。还有，我觉得男孩子尤其要学做饭、做家务。我们这个社会里有太多丧偶式育儿了，这对妈妈不公平，其实对爸爸也有伤害。在这样的家庭模式中生活，孩子难免耳濡目染，认为这样的方式理所当然，往往将这种模式一代代传下去。我和我先生希望团子能够成为有担当、有责任感、有能力、有平等意识的男子汉，所以我们从小就培养他做家务、爱护女生。

有一个阶段，小团子最大的乐趣就是玩各种各样的锅。我们做面食的时候，也会给他一个小面团，让他自己捏着玩。

再大一点，带他去菜市场，看各种

蔬菜、水果和海鲜，让他尝试各种新事物，在开阔眼界的同时也开拓出更多的菜品和口味，对陌生食材的接受度也会比较高。团子小朋友最爱吃的菜品之一就是蔬菜沙拉，每次至少半份起。做菜的过程也让他多多参与，感觉自己做的东西吃起来更香。

开饭前，我们可以请孩子帮忙摆餐具、盛饭，他们一般也会乐于参与。吃完饭后要求他至少把自己用过的餐具放到水槽里，大一点还可以教他如何洗碗，如何使用洗碗机。

这不，积极性上来的孩子自己布置的圣诞餐桌，还是挺有仪式感的吧。

➤ 自己做简单早餐

当妈以后，睡到自然醒已经成为一种奢求。而且孩子们不知道是什么原因，越到周末醒得越早，这让爸爸妈妈们也很无奈。所以我一直在默默努力教孩子自己做早饭。

每个孩子口味不同，我家小团子可能是《小猪佩奇》看多了，喜欢的早餐都是西式的，牛奶、麦片、面包百吃不腻，松饼也喜欢吃，但只有周末我才有空做。

于是我把他吃早餐用的东西放在餐边柜，一个小碗，一个勺子，还有牛奶。

麦片放在这个抽屉的收纳盒里，看到下图中两个蓝色的小盒子了吗？上面左侧的小盖可以轻松打开倒出麦片。两个小盒子中预备了两种不同口味的麦片可以换着吃。

麦片·零食

在我因为生病或者没睡好实在起不来的日子里，小团子真的自己动手做了牛奶麦片。

长大后，他也学着用一些简单的家电，学会了还给我们做早餐，我和先生周末的早上经常被他投喂。下图是孩子为我准备做的早餐。

头脑风暴了一晚上，梦里还在想如何理顺。早上好困没起来。小宝自己下楼，一会儿端着盘子上来，"妈妈，你的早餐，蛋是嫩的。"我只好爬起来吃饭啦。

➤孩子也可以使用的厨房

孩子小的时候，为了安全，我们一度是不让他进厨房的，因为怕他碰刀碰煤气。但后来长大了一些，我们就慢慢解禁啦。我会和他沟通，火、刀不能碰，当然他当时的个子矮也够不到。

把他最经常使用的塑料小碗放到他能拿到的橱柜第二层，有需要的时候就让他自己拿。

孩子都是爱吃饼干、蛋糕和面包的。小团子小的时候，一有时间我就会给他做。

他也特别愿意参与，拿个黄油，打个鸡蛋，为此我还任命他为我的烘焙小助理。

等团子再大一些，我就带着他学做饭，为了鼓励他的兴趣，从做他最喜欢的松饼开始。

慢慢再教他做意大利面和比萨。你还别说，往往自己参与制作的食物，吃起来也会特别香甜。

自己卷的寿司还没等我切就开吃了。

➤ 会做家务也是一种能力

古人早就说过"一屋不扫，何以扫天下"，做家务不仅是扫地、做饭这么简单，一个人把家管理得好绝对也是他能力的体现，看《红楼梦》里王熙凤和贾探春就知道了，这两位放在今天管理家大公司也是没有问题的。所以我会刻意地教孩子做一些家务活。

作为整理师的孩子，站立折叠衣物玩得很溜。

用电动螺丝刀安装家具其实挺好玩的。

无线吸尘器对孩子来说就是一种玩具，觉得吵，人家还拿纸巾做了两个耳塞。

心爱的乐高脏了，拿冲牙器洗一洗。

大一些可以开始帮忙洗碗。

对于喜欢车的孩子而言擦车也是一种玩耍。

在小区内帮妈妈取东西送东西，可以提前体验快递小哥哥工作的辛苦。

小区组织公益活动，也带着他一起参加。

　　总之，我们规划好空间，配合好物品，在安全的前提下可以让孩子在家里多一些探索和尝试，学会更多的技能是本分也是本事。随之而来的成就感和参与感，还有跟爸爸妈妈一起干活的亲密感和愉悦感，可以留在孩子心中很久很久。

09 分房指南

◎

在为客户上门整理的时候，我发现不少家庭都面临着一个问题：孩子和大人一起睡，有的是和妈妈一张床，爸爸在另一个房间；有的是睡小床，但小床在爸爸妈妈的房间；还有一家三口挤在一张床上，孩子倒是睡得挺香，爸爸妈妈却睡不好。

按照中国国情，肯定是不会一生下来就把孩子单独放在一个房间的。但是，一直让孩子在爸爸妈妈房间睡下去恐怕也有弊端。今天，我就从规划角度给大家讲讲分房那些事。

▶分房的前提

一定是有足够的安全感！大家应该还记得我们之前讲过的，到人多的场合，孩子们一定会有个适应的过程。他们观察，他们参与，他们小心翼翼地迈出向外探索的一小步，但一定会在他们觉得安全的情况下，否则他们就会像个小袋鼠一样要爸爸妈妈抱而不愿意参与。

所以分房这事我们要规划，要熏陶，但不能着急，更不能硬分。

➤ 分房的重要性

前几天看 Papi 酱的人生排序，觉得很有意思。大家也可以试一下，看看自己的人生排序。很简单，就是看看自己、父母、子女和伴侣在自己人生中的重要位置，用 1、2、3、4 排序。

你的答案是什么？

Papi 酱的排序是"自己、伴侣、子女和父母"，当然也有人很不同意她的排序，认为父母很重要。

估计很多妈妈往往都会把孩子排在自己的前面吧？团子小的时候，我就是这样。

其实，这个问题只是关乎价值观，没有对错。

不过，对于把自己放在第一位这点我个人是非常赞同的。说得更直接一点，如果自己都没有照顾好自己，比如生病了，哪还有什么力气照顾孩子、伴侣和父母啊。

其实孩子并不会陪我们一辈子，因为他们是独立的个体，未来会有自己的生活、家庭和另一半。我不想也不能过多介入，因为我也还有很多事要做，并且相互尊重彼此边界的相处方式才更健康。

分房不着急，但这事一定要做。其实能陪你一辈子的人除了自己就是伴侣了。有了孩子之后，很多妈妈会因为忙碌而忽略伴侣，或者虽然孩子逐渐长大，但依然占据着床上原本是爸爸的位置，其实这对每个人（包括孩子自己），对整个家庭都是不好的。

➤ 四步搞定分房

　　孩子到底应该几岁分房睡，并没有统一的年龄规定。孩子的成长发育往往遵循一定的规律，但同时，每个孩子又都有自己的天性和成长节奏，他们不是流水线上同一天生产出来的一模一样的产品。因此，所谓统一的断奶年龄、如厕年龄、分房睡年龄，往往都太过机械。我个人觉得，每个家庭的情况、每个孩子的性格不一样，不能一刀切。其实分房睡这件事，说大不大，说小也不小，并且充满了个体化差异。所以给大家分享一些我比较认同的原则，供大家参考。

下面具体说说如何操作。

第一步：润物无声做好动员。

一旦决定分房，妈妈和爸爸就要和风细雨、润物无声地对孩子进行分房教育。抓住一切机会宣传、讲解、介绍"XX自己睡了""大宝宝都自己睡"这些观念。再找点相关的绘本和动画片，让他们看看国外的孩子都是自己睡的，比如《小猪佩奇》，佩奇和乔治就是自己睡觉。所以他们应该很容易接受。

其实《小猪佩奇》里的分房设置对二宝家庭十分友好。孩子初次独自在房间里睡觉的时候，免不了会觉得害怕和孤单。但是如果大宝二宝可以共享一间卧室的话，常常能减轻不安情绪，让分房过程更顺利。那家里只有一个宝怎么办呢？其实可以在孩子很小的时候就为他准备一个"过渡性物品"，比如质地柔软的小毯子，或者孩子最喜欢的毛绒玩具（小婴儿时期注意选择不会有安全隐患的，比如玩具熊的眼睛不能是缝上去的圆扣子），让它一直陪伴在孩子身边，特别是在他们睡觉的时候，或是父母不在身边的时候，有他们熟悉的玩偶、气味和质地能给孩子以安全感。等到分开房间的时候，虽然没有爸爸妈妈在身边，能有自己熟悉的小毯子或者玩具熊陪伴，也会给孩子很大的安慰（处理入园焦虑时也适用哦）。

如果有分房成功的小伙伴，可以带着孩子去学习，要是有哥哥姐姐给说说效果会更好。

第二步：投其所好布置房间。

准备动员工作做得差不多了，可以根据孩子的兴趣爱好布置房间。喜欢公主的、喜欢车的、喜欢恐龙的都可以搞起来。建议大家有时间带着孩子去参观一下儿童家具卖场。当年我去看的时候很是感慨自己生不逢时，那漂亮的公主床，别说小女孩看到，连我看到都是心动不已。而且最让孩子们动心的是，滑梯床！

小团子同学因为喜欢车，当年就毫不犹豫地给自己选了一个拖拉机床。

后来又给加了一个滑梯，然后就变成了孩子的游乐场。

这里强调一下，布置房间要投孩子所好，但费用可以丰俭由人。北欧的一些牌子质量好价格也好，但万变不离其宗，其实都是床＋布艺的设计。所以大家参考学习就可以，普通的床配上布艺装饰也能达到一样的效果。当然要注意材料的安全和环保，毕竟健康最重要。

第三步：循序渐进完成分房。

布置好了房间，孩子也不一定马上要独自睡。这时，妈妈可以牺牲一下，陪着他们在儿童房睡几天。但是一定要注意，让孩子自己单独睡他的新床，帮他从一开始就建立"这个是我自己的床"这样的概念。下图是我家过渡时期的安排，团子睡儿童床，我睡旁边的单人床陪着他。

或者爸爸妈妈委屈一下睡沙发或者打个地铺。等他适应了，父母再趁他高兴的时候搬出来。

分房以后的感觉真好！对于大人们来说，既可以追剧又可以锻炼孩子的独立性。

第四步：硬件软件备齐，巩固胜利果实。

即使孩子同意自己单独睡一个房间，妈妈也要巩固胜利果实。

硬件：夏季空调、电扇驱蚊产品准备好；其他季节睡袋准备好，以免孩子踢被着凉。大孩子推荐分腿睡袋，走路和爬高床方便也安全。

　　软件：建立一套入睡程序。刷牙、洗澡、讲故事、陪伴，等孩子入睡后再离开。刚开始，爸爸妈妈辛苦些，留心听听动静，孩子有事随喊随到，让孩子知道，爸爸妈妈时刻关心着他、爱着他。等程序建立了，爸爸妈妈就省心省力了。

10 9月1日开学，你准备好了吗 ◎

　　在小团子上小学之前，为了配合这个伟大、严肃、光荣的时刻，我早早地做了各手准备，分房，学习区，桌椅、灯、书包、文具等，还有"软件"。

➤学习区设置

与很多家庭计划在孩子卧室或者书房里设置学习区不同，我家孩子的学习区设置在客厅，其实就是原来的餐桌区域。

2017年客厅的学习区

2022年客厅的学习区

在客厅安排学习区域会不会太吵？其实还好，原因有三点。

首先，最主要的原因是孩子回家开始写作业的时间一般是放学后4点多，那个时间我要么工作要么做饭，他在客厅方便我们交流。毕竟是年幼的孩子，学校里一整天的"社会生活"中难免会经历诸多喜怒哀乐而无处安放。放学后这段与家人共处的时光就为我们提供了很多观察孩子情绪变化以及沟通和复盘的契机。

其次，孩子刚上学，肯定需要监督，但我又不想搬把椅子坐旁边，所以他在餐厅写作业，我在旁边忙我的事，顺便看一眼。其实，自律并不是天生的。孩子在养成良好的学习习惯和自我管理习惯之前，需要家长一定程度的支持和帮助（"他律"）。但盯得太紧又难免会导致依赖感、压迫感甚至逆反心理。所以，这种家长与孩子共处一室而又各自忙碌可以说是一种恰到好处的距离，既不会太远而让孩子放任自流，又不会太过紧密，仿佛直升机一样时刻在头顶盘旋。

最后，虽然客厅热闹，但我们也不会开电视，所以可以适当地培养他的抗干扰能力。毕竟在我们当下的生活里，各色信息全天候百花齐放。如何在这样的世界里有选择性地屏蔽一些声音，保持一定的专注，应该是一种比较珍贵的能力吧。

➤ 桌椅选择

一说到学习区，大家肯定会想到学习区的布置，像书桌、椅子等。

现在有不少学习桌椅动辄几千上万，还是连牌子都没听说过的，看看功能简直神奇得不得了。

但我没有出手，原因很简单，回归本质，孩子需要的就是一桌一椅能写作业而已，搞那么多噱头没有太多用处。

当然，因为孩子的身高变化比较快，我们要多动点心思，让他们坐得舒服就可以了。

上网查看了一下，要晕了，这么多数据。怕麻烦的同学请跳过这段。

①身高120厘米以下：桌高60厘米以下，椅高32厘米以下。

②身高120~129厘米：桌高60厘米，椅高32厘米。

③身高130~139厘米：桌高64厘米，椅高34.5厘米。

④身高140~149厘米：桌高68.5厘米，椅高37厘米。

⑤身高150~159厘米：桌高73厘米，椅高40厘米。

⑥身高160~169厘米：桌高77厘米，椅高43厘米。

⑦身高170~179厘米：桌高80~83厘米，椅高44~46厘米。

最简单的方案：选择可以调节高度的桌椅，下图这款桌子，高度可以在60~90厘米之间调节，符合上述数据要求。长度120厘米，宽度60厘米，大人办公都够用了。桌面也有很多颜色可以选择，但白色最便宜。

也可以选择这款桌椅。

这款桌子的高度可以轻松在 52~75 厘米之间调整，桌面也有三个倾斜角度可以调节。

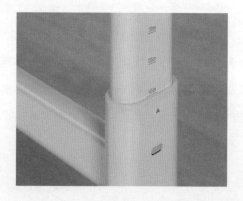

储物区洞洞板的设计既灵活又方便，很适合孩子们使用。

> ➤灯

请教了理工男后，我又去网上研究了一些点赞最多的关于
LED 灯的文章后，准备入手一盏普通的 LED 灯，要点是光源面积
大、亮度在 300~500 流明。我买了下图这款 LED 灯，目前使用感
觉不错。

➤ 书包

因为经常看到可爱的小学生们自己背着书包上学，所以我很早就出手给团子搞了一个下图所示的小书包。虽然有点重，但团子反映背在身上还是挺舒服的。

➤ 文具

先说铅笔吧，孩子最重要的就是握笔姿势，但碎碎念的方法可不利于和谐的母子关系。所以经过研究之后，选择了"洞洞笔"。

好处一就是因为有洞洞，孩子握笔时很自然地能养成正确的握笔姿势。

好处二是笔杆是三棱柱设计，抓握起来比较紧实，不容易滚到桌子下面让孩子踩到摔跤。价格1元多一支也可以接受。

试过了多种橡皮之后，发现下图所示的橡皮就很好用。有黑白两色，也有大小块。个人觉得买一块大的不如买两块小的，因为孩子很容易丢东西。

➤ 标签打印机

当然，办公用也特别好，我每次去客户家都背着。

孩子上学后，笔、本、橡皮等文具，分类时统统贴一个标签，以免拿错。

➤ 软件——调整作息时间

除了一系列硬件外，"软件"也很重要。包括上学的心理建设、学校生活模拟等，最重要的就是调整作息时间。

以前上幼儿园，团子的时间比较随意。如果头一天玩累了，他还发生过睡到9点才起床的情况。但上学就不行了，就算学校离家很近，要求7：40到校的话，最晚7点也要起床吃饭才来得及。

所以我和小团子商量了一下，准备循序渐进。从7月1日开始，首先确保第二天8点起床，15天后过渡到7点半起床，然后过渡到7点起床。这样保证9月1日开学起床无困难。

午睡不用调了，因为团子同学自从3岁以后几乎没有午睡过。

为了节约时间加提高效率，小团子同学开始全程自己完成起床后找衣服、穿衣服、做早饭（就是简单的牛奶麦片）、吃早饭、刷牙等一系列工作。这些准备工作不仅能帮助孩子从幼儿园的"小朋友"顺利过渡成为"小学生"，而且会让孩子觉得自己长大了，自己很能干，从而收获满满的自信。

按照上面的规划，我们顺利完成了入学前的准备工作。

➤ 作业时间小·贴士

很多爸爸妈妈对于孩子写作业的"磨蹭"十分头疼，特别是有些孩子写两个字就摸摸这，玩玩那。和成年人相比，孩子的专注力天生容易分散，这有助于他们对外部世界进行探索。想想看，和小孩子在外面散步的时候，是谁最先发现了天上的飞机、地上的蚂蚁这些有趣的事情呢？和作业相比，桌上的小玩意当然更有吸引力！因此，书桌的位置选择以及保持书桌的干净简洁，可以在一定程度上帮助孩子集中注意力。

6岁＋学童
亲子整理篇

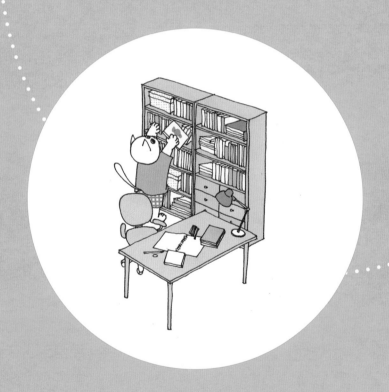

11

6岁+，生活和学习习惯的养成

一般来说，孩子差不多在6岁前后就会准备进入小学开始学习，开启人生的新阶段。

说来惭愧，虽然我号称是自由职业，但真实生活就是忙起来根本没有自由。所以，很多事情小团子都是自己在管。现在他小学5年级，写作业有问题才会找我和爸爸，大部分时间可以自己完成，学习成绩也算不错，生活中让我操心的事情也越来越少。我觉得培养孩子的自我管理能力特别重要，让孩子能在生活上、学习上，还有情绪上都逐渐自律起来，学会统筹安排，并且为自己负责，这些都特别能够提升孩子的自信心、责任感、独立性和主动性。这种自我管理能力的锻炼也可以提升孩子的执行功能。脑科学研究成果告诉我们，执行功能是一种高级的心理机能，包括自我觉知、工作记忆、情绪调节、动机管理、计划的制订、对冲动的克制以及问题的解决等。执行功能的提升在孩子的成长过程中特别重要，可以帮助孩子做事专注而有计划，控制自己的冲动和情感，并且更好地适应新环境。所以今天也想和大家分享一下，如何让孩子养成生活和学习上自我管理的习惯。

➤ 明确目标从价值观开始

为了写书我专门采访了团子，问了一个好多人想问的问题："你为什么能自己主动写作业？"出乎我意料，他上来第一个强调的就是"思想"。他说你要先从"脑子"里知道这件事。我想了想还真是，就是说无论是妈妈还是孩子，先要从价值观上认可，孩子的自我管理很重要。

前面说过，对于养孩子这件事儿，我的一个长远目标就是让他什么事都能自己做，因为我没有办法陪他一辈子。如果他什么都可以自己做，一个人也可以在这个世界上好好地生活，我想我离开得也会特别安心。当然，这个目标很大，我们要一步步、一点点地去实现它。

可能因为小时候的某些经历让我很伤心，我们对他一向言出必行，尽最大努力信守承诺。

打从上学开始，我就一直告诉他，学习是他自己的事，但有困难可以找我们，我们随时提供帮助。作业是必须完成的，这个没有商量余地，但写完作业就可以尽情玩耍。这一点，我们言必信，行必果，说到做到。为此，他积极地利用一切在校时间写作业，连下课 10 分钟和午休时间都不放过。他的目标特别简单：写完了就可以随便玩，看动画片、玩乐高、找小朋友玩，干啥都行。

　　加上学校老师也鼓励他们利用好时间，一旦从中受益，尝到了甜头，就形成了一个良性循环。他已经明白，反正作业都是他自己的事，写完就可以玩啦。

　　反面例子也有，我有个朋友说她家孩子总是磨蹭。细细一聊发现有好几次孩子写完作业后她又给布置了别的练习，我想，我要是孩子也不想早点写完作业。

▶生活程序持续运行

　　小团子上学日的时间是这样安排的：

时间	事项
6：15	起床、穿衣
6：20	吃饭、洗漱
6：40	出门
7：20	到校早自习
12：00	午饭
17：00	放学
18：00	晚饭
18：30	写作业
19：30	自由活动
20：40	洗漱
21：00	上床

睡觉：从小坚持睡眠程序到现在 12 岁基本也是每天晚上 9 点上床，听音频节目，然后自己入睡，所以每天早上 6:15 起床也无压力。

吃饭：我家基本三餐定时。

周末：周末一般晚起 1~2 小时，中午外出吃饭，其余的没有太大变化。

➤ 自我管理从环境开始

话说我发现环境的整洁有序对于孩子真的很重要。我有时在想，如果我没有学习整理，家里会不会就一直乱下去？

看看团子小时候我们家老房子里的环境，真的是乱得没法看。

从开始研究整理，我就不断地对家里的环境进行整改。从一开始的凌乱到慢慢地有序。所以我一直对客户说，慢慢来，别急。对于你我这样的普通人，家的改造真的不是一天就完成的。但环境的改变真的会对人有非常大的影响，特别是孩子。所以，再难再慢，我们也要整理起来。

➤ 时间管理从家长做起

自我管理中的时间管理特别重要。好多家长说孩子晚上不睡早上不起，出门磨磨蹭蹭。在批评孩子之前请先看看自己，看一件事就行：和别人约定好时间出门，大多数时候是否能准时？

我有点太扎心了，对不住大家。但事实就是，家长就是孩子的榜样。我的闺蜜说过一句话我特别同意："如果你自己做不到的事就不要要求孩子。"如果和朋友约着吃饭每次都迟到一个小时，就算要求孩子每天准时去学校也难免有点底气不足。

我和团子爸没有啥优点，但时间观念还是比较强的。和人约会基本不会迟到，除非遭遇严重堵车。我们周末经常全家外出，一般会说好一个出门时间，提前通知所有人。倒计时 15 分钟的时候开始穿衣服做准备。如果说好 10 点出发，最多晚 5 分钟出门。

可能是被我们给练的，小团子的时间观念也很强，说几点走就几点走，无论做什么事情都很准时。

➤ 自己的事情自己管

给孩子规划学习区的时候，大家一定要注意，上小学一二年级的孩子基本是没有办法自己完成作业的，因为有时老师布置的作业写的字他们不一定能认全。所以陪伴是必须的，但如何陪伴，大家可以想一想。

我自己是不喜欢有个人坐在旁边盯着我干活的，所以我选择的方式是坐在小团子对面，抬头可见，有需要随时出现。但没需要的时候他写他的作业，我干我的活。

为了更好地偷懒，也确实忙不过来，我把很多事情放权，让孩子自己管。比如，整理书包、文具盒、削铅笔，在刚上一年级时帮忙了一阵，之后就让孩子自己来。我感觉他管得比我都好，因为我还有几次忘记给他的饭盒装勺子。刚上学那会儿，我们也之前朋友圈发过：

 整理专家Coco

昨天因为堵车到家已经十点多了，团子自己洗了澡、写完了作业，临睡前还留言给我让我记得签通知单。早上6：10就起来，让我帮他准备今天的关于"二战"的分享，然后自己做了牛奶麦片边吃边让我考他英语单词，最后自己要求一个人上学让妈妈能尽早出发工作。

经常忘带东西，课本啊、水壶啊，因为那时候学校就在小区里，我还巴巴地给送过两次。后来，我们专门讨论了一下，如果没带某件物品怎么办？发现都有解决办法，我就告诉他自己想着带吧，老妈不给送了。

上学前我改造了他的衣柜，早上起来找衣服、穿衣服他也自己管了。去年还自发地想出了前一天晚上把第二天要穿的衣服和袜子都提前找出来挂在衣柜门上的方法。

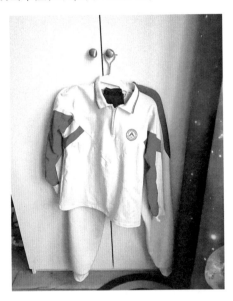

小时候带他坐公交车的成果之一就是他会主动规划出行的公交路线。所以爸爸出差的很多个周日和假期，我们就乘地铁或者公交车出行，逛了很多北京不好停车的景点和博物馆。

慢慢地，选择餐厅、点菜、出国问路、购物，他都一件件学起来、管起来。他安排之后，只要不是特别离谱，我们也都尽量支持他。让他更愿意管这些事儿，我感觉我越来越轻松啦。

现在更是发展到连日程规划他也主动要求做，小到周末、节假日的安排，大到暑假的出行规划。我们已经认真地讨论了小学毕业后的第一个暑假准备去意大利和法国旅行的事。他对于自己的未来工作和生活有各种规划，例如35岁要造出自己的品牌汽车、30岁结婚生两个孩子，每次听得我都暗暗笑破肚皮。总之，和教孩子走路一样，先扶着走一段再慢慢放手让他自己走，摔跤跌倒都不要怕，因为总有一天他要自己走，学会自我管理亦如此。

12

大桌子超适合有娃家庭 ◎

在开学准备篇里，我就提过我们家的学习区是客厅里的大桌子。后来我和有孩子的家长沟通之后发现，这个桌子简直太适合有娃家庭了。

➤ 大桌子的功能

这种大桌子江湖人称"万能桌",以我家这张大桌子为例,它的功能有:

大型聚会:最多一次,拼上餐桌,轻松坐下了 20 个人。有图有真相。

课桌:几年前,我在家定期开设私房课,这个桌子就是我们的课桌,每次都忘记拍照片,遗憾。

会议桌:每次团队开会都可以高效进行,因为旁边有电视可以投影,还有白板可以写写画画。

工作桌：电脑、参考书、笔记本都可以摊开。

乐高桌：特别适合拼大型乐高，可以摆满一整个桌子。

 整理专家Coco
团子考完试了，难得我们都在家，于是一起拼乐高。他复原完10270书店之后，我们尝试四手联拼街景酒店，超级高效还不会乱。团子说他和爸爸打游戏也是一样，都不用说话就特别有默契。

游戏桌：特别适合玩各种桌游，小团子自己布置的大富翁场景，钱按金额摆放，卡按颜色分类，收纳的盒子也是他自己安排的，玩起来效率会很高。

整理专家Coco
终于有时间陪娃玩会大富翁，团子布置好了场地，这也太专业了吧，玩起来效率好高。

临时厨区：就算厨房台面不够大，也完全可以在这上面包饺子。

➤ 方便在公共区域学习

那为什么要有个大桌子？

很多家庭孩子开始上学之后，为了能选择到比较不错的学校，往往都会搬到所谓的"老破小"学区房，这个时候空间一下子变得紧张起来。而大桌子的选择方案则可以实现用时间换空间的效果。简单地说，就是同一张桌子，在不同的时间发挥不同的作用。

早午晚饭时段是餐桌，此外的时间可以变身成为孩子的学习桌或者大人的工作桌，有需要还可以客串游戏桌，大家玩个桌游其乐融融。

我家之所以选择大桌子方案，原因是全家人可以在公共区域一起学习。特别是在小学时期，孩子还没有养成学习习惯，而且自我控制能力也比较差，帮助孩子自我管理、自我控制习惯的养成，我觉得大人无形中的陪伴比使用奖励惩罚更有效果。不知道大家听没听说过"袋鼠育儿法"，说的是早产儿宝宝，因为过早地来到这个世界上，往往自己无法很好地调节心跳、体温、血压等。那么帮助他们的一种很有效的方法便是由一名成年人（妈妈/爸爸/其他照顾者）用皮肤贴着皮肤的方式抱着孩子，用成年人规律而平稳的心跳、体温、血压来帮助孩子调节相应的生命体征。其实，情绪和行为的调节也是如此，孩子是通过成年人与他们的共同调节来逐渐学会自我调节的。正如安慰一个大哭的孩子，较好的方式之一就是静静地把孩子抱在怀里，均匀地呼吸，教孩子学会自我控制。我们需要做孩子的调节参照物，与孩子并肩而行。此时，大桌子方案就可以完美地为孩子学习自我控制创造条件。

当然还有一个原因，就是小学一二年级的时候，孩子写作业一定是要有家长陪伴的，因为他们那会儿还不认识太多的字，老师留的作业都需要你给他们讲解。但陪伴不等于监视。我自己感觉，考试的时候如果有个人站在我旁边，我就会心跳加快紧张无比。推己及人，我也不想坐在孩子身边，"盯"着他写作业。亲子共同调节并不等同于像直升机一样一直"嘟嘟嘟"地盘旋在孩子的头顶上空，而是让孩子透过家长的存在来看到并调整自己的行为。大桌子就可以比较好地解决这个问题，我可以选择对面而坐，这样一来目光有交流，沟通也方便，他写他的作业我做我的工作。我支持他但不"盯梢"。

随着团子慢慢长大，他现在基本都是独自学习。这是之前发的朋友圈：

 整理专家Coco
小团子自己把作业排成一排，准备一个一个"消灭"。

这是之前小团子在家上网课的情景：

"大桌子"学习用到什么时候？就看孩子自己啦，他如果提出想在自己房间学习，我分分钟给他房间加一个桌子就搞定。

➤ 一鱼一吃还是一鱼三吃

之前提到过时间换空间，每次切换都需要有一些搬运的工作，所以大桌子周围的收纳系统一定要配合到位。

我家这个区域之前就是餐区，靠墙放了一张八仙桌。因为没有收纳系统支持，常用的水果、麦片和纸巾都放在桌子上，显得很乱。旁边的走道宽度也足足有 2 米，虽然宽敞但有点浪费。

后来换了大桌子之后，又慢慢增加了3个书柜和1面白板墙。现在整个客厅区域就是个典型的川字形布局：左侧白板墙是"撇"＋中间大桌子是"竖"＋右侧书柜是又一个"竖"，中间的通道相当于川字中间的空白。左右两侧的走道就属于"一鱼三吃"，除了最基本的走路功能就是一鱼一吃外，还兼有坐人＋写画／取物的功能，同样的两个走道就被利用得更充分，所以叫一鱼三吃。新的布局和逯薇老师家一样，都实现了大洄游（空间动线从直线形变成了环岛形，围绕大桌子形成洄游）、零死角和万能桌。

　　桌面想保持清爽整洁，就一定要有相应的支持系统。无论是餐桌还是书桌，旁边都要配书柜或餐边柜，不用的东西才有地儿可去。而且桌子越大，往上面放杂物就越顺手。一不小心，就容易系统崩塌。

　　团子学习的时候，会有很多东西摊出来。文具、教科书、试卷和作业本。但写完作业，他会把文具放回文具盒，其余的物品都装在书包里，便于第二天上学带走。如果是在家上网课，常用的物品他就放在桌面上，我觉得也完全没有问题，毕竟第二天还要使用。但他也会码放整齐，看起来也没有特别乱。

　　不常用的物品都放在书柜和文具柜里。3个书柜分别收纳了我和团子的书，最近我在楼上的卧室里挤出了一个迷你书房，把我的书和资料都搬到楼上，这个地方就完全变成小团子的书柜了。

　　左侧：课外书籍——自然科学类 + 杂志

　　中间：学习相关的书、本、资料

　　右侧：人文类书籍

➤ 大桌子什么时间出现合适

有的朋友一看觉得不错，自己家也想买一个。且慢，先看看你家的具体情况，切勿照搬。如果家有婴幼儿，特别是学爬学走阶段，客厅基本就是他们的游乐场，地方大才便于小宝宝玩耍，那购买大桌子的计划可以往后推推，等到上幼儿园之后或者上小学之前再放置就可以。

➤ 大桌子的选择和摆放

我家的大桌子是一张长 2 米宽 1 米的实木大桌，是我在小区跳蚤市场花 400 元买的二手桌。卖家说，出手的最主要原因就是尺寸太大太占空间。当然尺寸可以根据自家的空间情况进行选择，但必须指出，越大越"爽"。

很多人可能会说"放不下啊"，请看逯薇老师的大招——客餐反转。这是目前已知的最省钱省事省力的改造方案了。具体做法是：把餐桌方向旋转 90 度，位置调整到窗边，把整个餐区的尺寸加大；然后把客厅的位置与餐区互换，把沙发的方向旋转 90 度，找个靠边的位置放置。如果有需要，也可以更换小尺寸沙发或者加大餐桌尺寸。来看逯薇老师家之前的方案：

餐厅客厅互换后：

有没有感觉整个房间都变大了？

桌子大家可以根据自己的喜好选择，丰俭由人。目前性价比最高的方案是选购实木桌面，朋友用这个方法 2000 元搞定了一张大桌子。

➤送给大家的·小·贴士

（1）如果这张桌子兼有多种功能的话，还需要看看家里的人作息时间，比如一个人上网课或者开会，旁边一个人吃饭感觉就有点怪怪的，可以通过增加一个迷你餐区来解决。

（2）如果你的工作有特别多需要"独处"的场景，比如讲课、直播、开会或者打电话，那么一个小而私密的空间可能更适合你。大桌子可以作为餐桌和家人公共区域活动之用。

13 文件整理 ◎

有人会说，孩子有什么文件啊？还需要专门整理？别急，等我给你梳理一下，你会发现，孩子往往是家里文件最多或者用得最勤的那个人。

➤ 梳理：文件有哪些

这里说的文件是指在家庭里会见到或者用到的物品，一般可以分成两大类：卡证类和纸质文件类。

卡证类：主要是各种证件，对孩子而言，一般包括以下几种。

①非常重要的出生证明。

②特别特别重要的免疫预防接种证（俗称小绿本），这个一定要收好，因为有从小到大的疫苗接种记录。别的丢了或许还可以补办，但这个记录可补不了。孩子上幼儿园、上小学都需要，一定要保存好。

③身份证：可以尽早办理身份证，方便买火车票和机票。

④居住证：外地来京务工人员的子女每年都需要更新居住证。

⑤户口本：很重要的一个身份证明。

⑥护照：出国旅行的必需品。

⑦医保卡：孩子上小学以后就可以办理自己的医保卡了。

⑧学生证：北京市统一办理的，孩子坐公交享受 5 折优惠。

纸质文件类就属孩子最多了，因为我们大人不用考试、测验，也没有练习册、习题本。

从方便孩子使用的角度出发，可以征求他们的意见，是按科目分类，还是其他方式。

按科目分类比较简单，按语文、数学、英语和其他类分就可以啦。

此外，还有很多学校发的各种节假日通知单、考试时间安排通知单，寒暑假还有各种检查表。

➤ 整理：是否都需要留下

证件类的不用说，必须都留下，就连旧护照也需要留着，办签证的时候签证官有时候会看。

纸质文件类的我们可以按时间再细分一下。

①短期类：比如儿童节和端午节，学校发的通知单就属于短期的，过期就扔。

②中期类：试卷、练习题类，处理办法有两个：一是全部留

存，等到期末复习的时候快速过一遍，考完试就可以处理；二是如果平时有记录错题的习惯，可以把错题抄写或者用错题机打印出来，试卷就可以不留了。

③长期类：孩子得到的奖状、画的画或者制作的手工作品可以择优入选作为纪念品长期保留，但切忌"一锅端"全部收起来。

很多家长爱孩子，也爱孩子的物品，特别是作品，这是完全可以理解的。经过筛选，留下最心爱的东西作为纪念品很有必要。但毕竟空间和精力有限，而且孩子还在不断长大，未来有无限的可能，建议腾出更多的空间给他们使用而不是留给"纪念品"。

➤ 收纳：分门别类

①卡证类：我们家是按人收纳，每人一层，这样方便管理和查找。

类似功能的抽屉柜网上有很多，价格也合理。尺寸一般分为A4纸或者B4纸大小，层数有3层、4层、6层、8层、10层，最多的有15层。记得选透明材质的，每层做好标签用起来会更加方便。

　　②纸质文件类：短期的通知单我会贴到客厅的白板墙上，这样就算我不在家，姥姥、阿姨也会知道大概的时间安排。

没有白板墙也可以贴到冰箱上，总之就是方便家里人看到的地方就好。

中期的试卷类基本是每学期考试完整理，在此之前，除了一部分正在用的放在书包里外，用完的就分类放在这里。

或者也可以用这个风琴式分类文件夹达到类似的功能。同样可以按科目分类，这个最大的特点是风琴式的，可以根据里面东西的多少拉开或者收拢。整个文件夹也可以轻松地立在桌面上或者收在书包里。

长期留存类的如果是最近的奖状也可以贴在白板墙上，鼓励一下孩子。以前的会集中放在纪念品的盒子里收纳。

画的画和作品集中放在作品盒里，也是定期淘汰，这事让小朋友自己干就行。

有的画比较大，可以选能装 A2 或 A3 尺寸的活页册，可以将精选作品收起来，也便于翻阅或者展示。

孩子的保单和证件复印件等文件类物品可以集中收在一个 A4 活页透明的文件夹中，找起来很方便。

每一页放一份文件，千万不要塞很多进去，否则找的时候会很麻烦。

所有文件类物品都可以集中放在客厅的书柜上，使用起来特别方便。

14 文具整理 ◎

孩子们自从背上小书包开始上学，家里就会多出好多文具。今天我们就来说说如何整理文具。

➤规划：家长按需购买，合理设置库存

记得小时候，每到开学之前，我都会坐在灯下跟爸爸妈妈一起准备新铅笔、新橡皮，给各种课本包书皮。那时候的物资远没有现在的丰富多样，大家经常用的都是挂历的背面或者牛皮纸，然后在书皮上一笔一画郑重地写下自己的名字和班级。现在都记得一边包书皮，一边憧憬着新学期到来再和好朋友相聚的情景是多么开心。回想起来，也许这便是所谓的"仪式感"吧，至少帮助我做好了心理准备：假期结束了，新学期开始了，要从自由清闲的"假期模式"转换到严肃、紧张、活泼的"上学模式"。如果是新学年的开始，还会有种"又升了一个年级，变成大孩子，不再是低年级的小豆丁了"这样的成就感和自豪感。从这个意义上讲，准备新文具和给新课本包书皮像是一个重要的环节，让小小的我清楚地意识到此刻和明天与过去的不同，从而有意识地调整自己。它也让我为即将到来的明天充满了憧憬和盼望（有时也会有一丝丝忐忑），于是平淡如水的日子就这样充满了鲜活的色彩。

有些妈妈会囤货，但我在此建议爸爸妈妈们按需购买即可，一般情况下电商两三天就能到货，如果还是来不及，小区超市或者学校附近的文具店也都会有货。实在不行，我还在邻居群里求助过，去邻居家里取到了需要的本子。

之前一位朋友买了100支铅笔给家里两个孩子备用，直到现

在也没有用完，先不说花了多少钱，你还需要专门腾出一个空间收这 100 支笔吧？

当然，由于本子、笔属于消耗类物品，保证合理的库存是必要的。但数量一定要控制，3~5 支笔，本子每种 1~2 个备用就差不多了，毕竟不够可以随时补货。

➤ 整理：全部取出 分类筛选

如果之前从来没有进行过整理，那还是非常有必要来一次集中筛选。下面让我们一起来做。

（1）集中：取出所有的文具。不拿出来不知道，摆出来之后场面还是挺浩大的。

（2）分类：初步按本、书写（笔）、削笔（卷笔刀）、修改（橡皮、涂改液、涂改带）、粘贴（胶水、胶棒、胶带）、裁剪（剪刀、刀）、测量（格尺、量角器）、装订（订书器、订书钉、长尾夹）、标记（标签机、标签）、保密类（碎纸机、姓名涂改印章）、收纳类（文具盒、笔袋、文件夹）以及特殊分类（像练书法用的文房四宝或者美术类专用的画笔和颜料）等进行分类。

有需要还可以给笔继续细分：自动铅笔、钢笔、签字笔、圆珠笔、荧光笔等。

（3）筛选：建议先过一下，特别是笔可以试着写写画画，出水不畅的、坏的、不好用的就让它们"走"吧。

如果数量还是比较多，可以预留一些作为安全库存，其余的可以流通，送人或者在跳蚤群里低价甩卖也不错。

特别是同样功能的物品，建议留一个你觉得最好用最顺手的，要不就会发生家里有好几个胶带胶水，但真正要贴东西的时候才发现没一个好用的情况。

➤ 收纳：4种收纳工具 解决不同需求

（1）笔袋/文具盒：这个应该是最常用的，孩子在家上网课也是必备品。

最开始，我给孩子买的是文具盒，还特地选了最朴实无"画"的素色盒子。

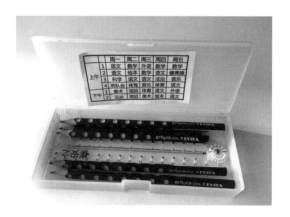

后来老师建议改成笔袋。

（2）迷你小抽屉：我特别喜欢这个迷你小抽屉，之前家里文具不多，一个抽屉就搞定啦。

后来孩子上学添了卷笔刀等，又加了一层。

（3）文具收纳盒：如果喜欢一眼可见，推荐下图这款，原本
是用来放遥控器的，但放孩子们的文具也不违和。

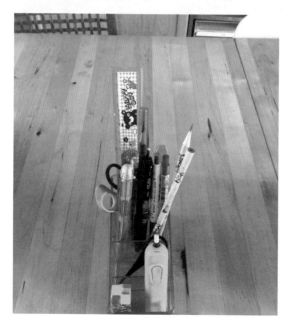

（4）抽屉内收纳：如果你喜欢整洁，觉得放在外面太乱，也可以选择抽屉内收纳，配几个不同尺寸的抽屉内分隔盒就可以。

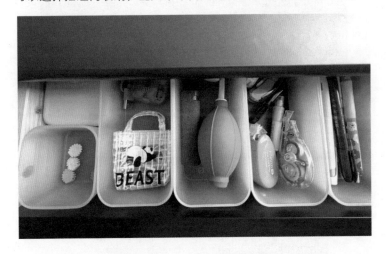

15 7个小工具，助你成为效率专家 ◎

　　不知道你的生活是否也这样：每天忙完家务忙工作，晚上回家还要看孩子写作业、打卡、背古诗、讲故事、练钢琴…… 大到工作方案小到接孩子放学，你都要安排妥当。

那么如何提高效率就成了一个新课题。经过我反复尝试，长期使用下来，发现有 7 个小工具不错，在此分享给大家，帮助大家过得更加轻松。

1. 手机微信提醒功能

我一直以为这个功能是地球人都知道的，后来发现还真不是。我们经常会在微信上与别人对话或者接到别人的要求，以及有要跟进的事情等。但人脑毕竟不是电脑，有时一忙难免忘记，这时提醒功能就有用啦。比如说当看到老师要求孩子明天签好回执单并带到学校的信息时，立刻点击对话，会出现下图所示的一排操作选项"复制、转发、收藏、删除、多选 、引用、提醒、搜一搜"。

再点击"提醒"图标，设置好闹钟，到时间后会自动提醒。有了这个提醒功能，以后再不用担心忘事啦。如果是需要提醒自

己办的事，也可以给自己发个微信，然后设提醒。

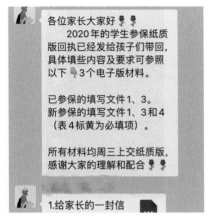

各位家长大家好
　　2020年的学生参保纸质
版回执已经发给孩子们带回，
具体填些内容及要求可参照
以下3个电子版材料。

已参保的填写文件1、3。
新参保的填写文件1、3和4
（表4标黄为必填项）。

所有材料均周三上交纸质版，
感谢大家的理解和配合

1.给家长的一封信

设置提醒时间

18:00

今天　19:00

6月22日 明天　20:00

取消　　　　　　　设置提醒

2. 手机闹钟功能

作为孩子家长，有一个重要任务就是要去接孩子放学。如果去晚了，还要麻烦老师和孩子在操场等着，真是万万不妥。但有时工作一忙很容易忘，所以我在手机上设置了 N 个闹钟，分别对应每天孩子放学的时间。闹钟一响，立刻出发，就不会遗忘了。

3. 手机日历功能

虽然生活中有各种软件或者小程序可供选择，但我觉得"如非必要，勿增实体"，所以直接用了手机日历。一旦决定了某件事，立刻在手机日历中存下来，设置提前一天和提前两小时提醒。这样，基本上不会出现忘事的情况了。

4. 手机备忘录

不知道大家是不是和我一样，会有几种工作或生活的场景反复出现，每种场景需要携带和使用的东西还不一样。作为咨询型整理师，我们经常工作的几个场景分别是讲课、上门咨询和上门整理，当然还有出差。

为此，我在手机的备忘录里列出了几个清单，分别列出需要携带的物品，每项物品的前面可以预留出检查的确认区，完成一个确认一个。

以出差为例，按照 N 或者 N+1（N 等于出差天数）考虑场合准备数套衣服（外穿 + 内衣裤），再参考当地天气预报带好外套，携带一些个护、杂物和电子产品就好了。下图是我出差清单的一部分，供大家参考。每次出门之前按清单索物，装到箱子里就好啦。

如果是去客户家上门整理，需要带的东西也不少，每次都要带一个拉杆箱才能装得下。

上门清单
○ 1.拖鞋
☑ 2.标签打印机
☑ 3.色带-白和透明
☑ 4.大垃圾袋
☑ 5.垫布
○ 6.激光测距仪和卷尺
○ 7.笔记本和笔
○ 8.围裙
○ 9.口罩
○ 10.手套
○ 11.分隔盒
○ 12.透明袋

5. 手机相册管理软件 Slidebox

昨天晚上我发了个朋友圈，说起自己把手机照片从 6000 多张减少到 14 张，群友们激动了，大半夜的纷纷跳出来表示有整理照片的需求，要求学习。

了解了一下，手机里照片数量的最高纪录是 2 万多张，1 万多张的也大有人在。确认是刚需之后，我来给大家说说我是如何做到的。

在开始整理之前，您可以先问问自己是否真的需要整理？

有人说这步没必要啊，但要知道整理虚拟文件可是世界上最费力又看不到成果的事情之一。把手机里的照片整理得再好，手机还是那个手机啊。

而且，照片绝对属于纪念类物品，按照正常的整理顺序，衣服、书籍、文件、小物品之后才能轮到它。

打开每一张照片都能看到孩子的可爱笑脸，当妈的根本下不去手删除。

如果你没有照片的困扰，那么听我一句良言相劝，不整也罢，有这时间睡会儿觉多好。但是如果你确实有需要，那么我大力推荐 Slidebox 这个软件。

iPhone 手机自带的照片管理需要先选择再删除，虽说只有两个步骤，可架不住照片多啊，一会就手酸了。

好在我不是一个人在战斗，整理术士罗布推荐了一个新软件 Slidebox。这是个付费软件，几十元，被照片困扰的我毫不犹豫地付款，当时想大不了这几十元打水漂了，但使用后效果真的出乎意料。

好处一：一键删除，不想要的照片就像"水果刀切"一样一划就删了。因为操作简单，删得实在太爽了，一开始还有好多误伤的，不过可以去"垃圾桶"里找回来。

好处二：方便分类，原来给照片分类是个力气活，要建立要命名要一张一张存。现在简单了，选择好相册，只需要点一键就能归档。

总之，在 Slidebox 的帮助下我把照片飞快地做了清理。

最后只剩下 14 张，里面有几张是经常要用的，比如课程信息和案例照片。

6. 白板

除了各种软件、程序，我发现白板也是个好工具。虽说我手机有闹钟提醒，但我也不会每天都在家，有些事情就需要靠老妈或者阿姨帮忙，比如在白板上贴好课程表和放学时间，方便她们接送孩子。

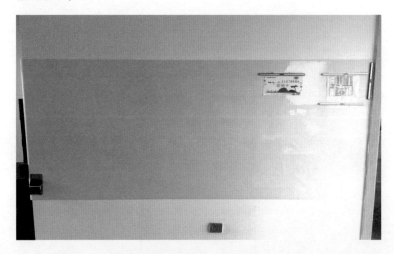

课程表经过编辑贴在白板上，比如提醒上篮球课和不上篮球课时的两种放学时间以及每天要带的物品。

时间		周一	周二	周三	周四	周五
上午	1	语文	数学	语文	数学	数学
	2	语文	绘本	数学	语文	语文
	3	科学	语文	外语	法制	音乐
	4	班会	体育	音乐	体育	语文
下午	1	美术	项目	体育	语文	健美操
	2	外语	项目	美术	绘本	法制
放学时间		4:10	3:10	5:20	4:15	5:20
备注		穿校服		篮球课		篮球课

每天物品	1	课本				
	2	文具盒	铅笔	橡皮	格尺	
	3	水瓶				
	4	饭盒	勺子	筷子		
	5	纸巾		湿纸巾		
	6	篮球	球鞋	运动服		
	7	绘本课	绘本			

给孩子讲数学题、孩子背古诗和英语单词，在白板上进行也很方便。

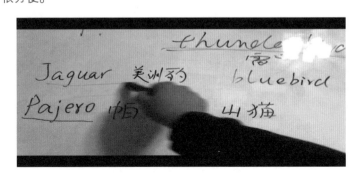

7. 手机充电站

这个时代，大家外出最怕的就是手机没电啦。当然可以用租借的充电宝，但还是自己带的最安全可靠啊，所以手机充电站闪亮登场。

这其实是个 iPad 支架，但我发现每天回家把充电宝放在上面充电，充满了就及时收到包里很方便。

团子爸新搞了一个同时能给手机、手表和耳机充电的充电站还不错。

好用的小工具就分享这几个，你有什么好用的软件、硬件也欢迎分享。

0~3岁婴幼儿出行指南 ◎

　　说到出行，估计很多妈妈都会觉得麻烦。但是，0~3岁是孩子大脑快速发展的时期，也是对亲密关系、周围环境，以及各种感官输入极其敏感的关键期。出行其实是一项可以帮助孩子增加见识、开拓视野、增强亲子关系的活动。对家长来说，出行也是保证有孩子之后正常生活的一个重要方面。所以，我们在此贡献一份出行宝典给大家参考。

➤ 亲子出行选何时

"春有百花秋有月,夏有冷风冬有雪。"其实一年四季都有各自的美好,大家可以根据天气和当地的情况灵活选择。

以北京为例,四季分明,夏季冬季较长。所以我们春天看花踏青,夏天玩喷泉,秋天去看银杏,冬天滑冰或者在购物中心的游乐场里玩。

孩子小的时候,根据他们的生物钟,尽量选在上午与上班族错峰出行。我们一般都是 10 点多出门,11 点开始吃午饭,不堵车少排队不说,吃完中饭就打道回府,大人孩子都能休息一下。

孩子大了,选择出行的时间就灵活多了,但也要注意避免扎堆,因为孩子往往没有那么多耐心排队或者挨饿,人太多的地方就不适合带孩子凑热闹。

➤ 亲子出行选何处

带孩子出行可以选的地方主要参考以下几个因素。

1. 就近

有的小区里面就有不错的绿化或者儿童游乐设施,还可以同年龄相近的邻居孩子一起玩。或者拿出手机搜索一下附近的公园,有不少公园人少空气又好,孩子们也能玩得很开心。妈妈们也可以借此机会相互交流,谈天说地,结交新朋友。毕竟养育孩子是个喜悦、琐碎与辛劳并存的过程，妈妈们需要好好放松自己！植物、新鲜空气、与他人的联结都能够帮助我们时不时地从尿布和奶瓶中抽离出来，给自己增添些元气。

2. 环境好

带孩子特别是婴儿期的孩子出门，如果能选环境好一些的商场或者酒店会带来很多便利。商场主要体现在洗手间或者母乳室这一块，能解决给孩子喂奶/换纸尿裤的大问题。酒店如果选好一些，出门可以少带很多东西不说，本身环境安全，食物安全还是可以保证的。

3. 友好

如果是出国，建议选亲子友好型的城市和国家。

4. 安全

这点是最重要的，高原、大山和探险式的旅行，家长还是等孩子大了再一起去吧。

▶ 亲子出行清单

在此建议妈妈们列一份出行清单，我之前甚至还分了日常出行和旅行两个版本。

每个版本都根据衣食住行用列出表单和单项，每个前面还预留了空间便于检查。

类别	序号	描述	数量	物品1	物品2	物品3	物品4	收纳地点	检查1	检查2
衣	1	T恤	5							
	2	外裤	5							
	3	睡衣	2							
	4	帽子	1					戴着		
	5	袜子	5							
	6	外套	5	蓝色防雨外套				背包		
	7	鞋	1		毛毛虫					
	8	拖鞋	1	蓝色拖鞋						
食	9	零食	1	坚果	糖果	饼干		背包		
	10	手口巾	1					背包		
	11	水壶	1					背包		
	12	面巾纸	1					背包		
住	13	枕头	1	蓝色						
洗	14	皂	1							
	15	纱布巾	1							
	16	牙膏	1							
	17	牙刷	1							
	18	牙杯	1	白色						
	19	小面巾	1	蓝色						
	20	防晒霜	1							
玩	21	书	2	英语书	语文书	英语故事书	希利尔			
	22	魔方	1					背包		
	23	iPad	1							
用	24	腹泻	1	思密达						
	25	感冒	1	体温计						
	26	外伤	2	碘伏	邦迪					
	27	蚊虫	2							

　　确实，孩子越小，出门要带的东西越多，婴儿期的时候出门恨不得连澡盆、温奶器都想背着，但好在随着孩子的长大东西慢慢减少，但我们一起度过的美好时光真的是人生最美好的回忆之一，出行麻烦又辛苦但是值得。

➤ 亲子出行快乐·小贴士

　　带孩子出游，在确保安全的前提下，不妨慢下脚步，让孩子带队。哪怕他尚未学会走路，他也会用自己的目光和小手朝向吸引他的人、事、物。这个时候，试着跟随他、倾听他，跟他聊聊。这小小人儿的心中所想，或许会给你带来惊喜哦！当然，如果孩子还不太会说话，那就用你的语言说出孩子手指或者目光所及之物。除了聊一聊和看一看，有条件的话可以让孩子找一找，闻一闻，听一听，摸一摸，踩一踩，利用各种感官让孩子来了解和学习他所感兴趣的东西。

3~6岁幼童出行指南

　　孩子一旦过了3岁，精力充沛，"待机时间"超长，"电"不耗光，觉都睡不着。为此，我们需要给他们放电。特别是周末和假期，出门绝对是放电的好方法。当然，放电只是带孩子出去玩的一个原因，更重要的是，家门以外这个广阔的世界本身就是一个蕴含无尽宝藏的课堂，为孩子的成长提供了取之不尽的养分，所谓"随手抓来都是活书，都是学问，都是本领"（陶行知）。意大利教育家蒙台梭利也曾经说过，孩子的心灵成长是自身内在发展规律和外界环境（物理环境、社会环境、文化历史环境等）相互作用的结果，而环境需要充满爱的温暖和丰富的"营养"。仔细想想，环境中不仅拥有各种知识（比如博物馆中的历史展品）和感官体验（比如美术馆里各种绘画作品的缤纷色彩），更有很多机会培养孩子的社会情感与人际交往能力。所以，在孩子这个对世界充满好奇心和探索欲的美好年龄，尽情地带他们去体验吧!

下面来说说，孩子大了之后可以去哪里玩，玩什么。

➤ 去哪儿玩

在小区里能玩啥？如果能经常串门是个很好的交友方式。小朋友们可以一起玩耍，多个小伙伴生活会有趣得多，而且孩子们也会在与同龄人的互动中学到很多，比如怎么交朋友，怎么解决冲突，怎么在友谊破裂后再修复，怎样有理有节地坚守自己的边界。小孩子往往可以从大孩子那里学到很多，大孩子也会在与小孩子的相处中获得知识、能力的巩固（教别人的过程就是自己复习的过程）和自信心。妈妈爸爸们也可以聊聊天，相互交流，说不定能找到育儿路上甚至人生路上志同道合的好朋友。孩子除了玩具可以交换玩之外，你的困扰其他妈妈也许会提供更好的经验和建议。

不去别人家，也可以在小区里玩。我家小车迷最喜欢的就是一边骑着他的车一边看别人家的车。一开始我还能给说说车的牌子，后来就需要爸爸出马给讲具体车型了。再到后来，他们俩一看车灯就知道是什么牌子的什么车，我到现在还是一头雾水。

带孩子出门的话，商场可以继续去，吃饭逛街都是必需的。孩子长大之后，还有更多的地点可以解锁。

➤ 国内

因本人定居北京，接下来将重点推荐几个北京市内适合带孩子出行的地方。

古生物馆：动物园旁边，喜欢恐龙的小朋友不可错过。

科技馆：在奥森公园附近，孩子们玩滑梯拔萝卜都很开心。

火车博物馆：大山子附近的可以看真火车，大了可以去北京站附近的另一个同主题的博物馆。

规划馆：和北京站的火车博物馆很近，可以安排在一起游览。在那里可以看到故宫规划和整个北京城的规划，很长知识。

消防博物馆：有消防演习，可以科普防灾知识。

故宫：感受一下古建筑，小团子最喜欢珍宝馆和钟表馆。

环球影城：一定要提前买速通卡，小团子曾经一个项目排了三个半小时才玩上。

乐高探索中心：喜欢乐高的孩子可以去看看。

国内其他适合带孩子出行的地方，推荐如下：

上海迪士尼乐园：大人孩子都可以玩，速通卡提前买好可以不用排队，毕竟我们去外地一次也不容易。

上海科技馆：整体设计不错，小团子最喜欢开车那个游戏。

青岛海洋馆：可以看白鲸和海豚表演。

成都大熊猫基地：是个看"滚滚"的好地方，早点去熊猫比较精神。

成都三星堆：国宝重器开眼界。

苏州拙政园：园林之美一年四季都各有风姿。

苏州博物馆：贝聿铭大师的大作，馆藏的物品也很丰富。

苏州狮子林：假山孩子可以玩来玩去，楼上茶室很不错。

➤ 国外

以日本为例，有以下去处可以游玩。

东京迪士尼乐园：除了排队时间太长别的都好，有 land 和 sea 两个园可以玩 2 天。

东京吉卜力：你可以理解为宫崎骏博物馆，有各种可爱的设计，还可以看动画片，玩龙猫公车。

东京上野动物园：樱花＋动物，周边有很多熊猫特色餐饮和纪念品。

名古屋乐高乐园：人少设计好。

名古屋丰田汽车馆：设计的比很多游乐场都好玩，喜欢车的孩子会很开心。

北海道旭川动物园：选对时间可以看企鹅游行，整体设计很不错，孩子可以近距离接触动物。

北海道白色恋人工厂：连吃带玩孩子很喜欢。

➤ 怎么去

很多孩子最喜欢的还是乘坐公交车。可能是因为公交车车身高，特别是双层公交车上层第一排，那风景和视野绝对无敌。孩子需要乘坐公共交通的体验。热闹好玩自不必说，坐公交车或者地铁还可以让孩子亲身体验我们这个社会运行的方式，帮孩子学习作为社会的一员，如何遵守规则和公共秩序，学习耐心等待。

小团子非常喜欢飞机和机场。之前出国的时候，我都是给他一个带导航的手机让他给我们带路。买东西有问题时也让他去练口语，所以带他出门相当于带了一个小助理，而小团子也在这个过程中收获了满满的独立和自信。

➤ 带什么

其实孩子越大，出门带的东西就可以越少，当然这个是和婴儿期相比的。

说一下旅行物品规划的原则，首先是查看一下目的地的天气情况。然后一般看行程的天数，基本上衣服会根据天数 +1 来带，如果是去特别热的地方，衣服的数量也可以适当增加。

休闲裤 +T 恤是最基本的配置，如果有特别的场合，再带相应的衣服就好。

每次出门我都会给孩子和自己多带一件衣服，春夏是薄的防风雨小外套，秋冬是超薄羽绒服。这两种衣服折叠起来体积都很小，也很轻，却可以应对夏季温度过低的空调和秋冬骤降的气温以及小风小雨。

内衣、内裤、袜子也是根据天数加1套。

鞋基本上会穿一双健步鞋，适于长时间走路，如果是去海边还会带一双不怕水的洞洞鞋，这个也可以当拖鞋穿。

其他还包括帽子和伞，一般出门也都会带一把轻便的晴雨两用伞，有备无患。

接下来是洗漱用品，也是根据目的地去准备。如果酒店配置还可以，基本上可以少带不少东西，如大人的拖鞋、牙膏、牙刷、浴巾什么的。但孩子的拖鞋、牙膏和牙刷还是需要单独准备的，特别是牙膏很多大人的薄荷牙膏孩子小时候用不惯说"辣"。浴巾可以用纱布巾代替，轻便也好晾干。再带个面霜和防晒就差不多啦。

带孩子出门一般我会带点药以防万一，比如退烧药、创可贴、碘伏棒和腹泻药等，夏天还会带防蚊虫的用品，这些东西一个小包或者密封袋就可以收下。

出门玩，可以带一些游泳用品或者书籍给孩子消磨时间。

类别	序号	描述	物品1	数量	物品2	物品3	物品4	物品5	收纳地点	检查1	检查2
	1	T恤		3套	MujiX4						
	2	外裤		4条	MujiX2	长裤X2					
	3	睡衣		2条	MujiX2						
	4	帽子		1	防晒帽				戴着		
衣	5	袜子		3							
	6	外套		1	蓝色防雨外套				背包		
	7	鞋		1		洞洞鞋					
	8	拖鞋		1	蓝色拖鞋						

类别	序号	描述	物品1	数量	物品2	物品3	物品4	物品5	收纳地点	检查1	检查2
食	9	零食		1袋	坚果	棒棒糖	饼干		背包		
	10	手口巾	1						背包		
	11	水壶	1						背包		
	12	面巾纸	1						背包		
住	13	小凉被	1		蓝色						
洗	14	皂	1								
	15	纱布巾	1								
	16	牙膏	1								
	17	牙刷	1								
	18	牙杯	1		橘红色						
	19	小面巾	1		蓝色						
	20	防晒霜		1个	安耐晒蓝色				背包		
玩	21	玩具	书	2	恐龙传奇	丁丁历险记					
	22		游泳	4	泳衣	泳裤	泳帽				
	23		挖沙	3	小车	铲子	小桶				
	24		其他								
用	25	药	腹泻		益生菌	思密达	口服补盐液				
	26		感冒		体温计	感冒药	退烧药				
	27		外伤		碘伏	邦迪					
	28		蚊虫		驱蚊液	驱蚊器	无比滴				

按表格清单把所有需要带的物品拿出后开始收纳。

1. 行李箱：找出收纳袋，然后把衣物、药品等相关物品逐一装进去再放入行李箱。可以用专门的袋子也可以用透明密封袋。尽量把同类物品集中收纳在一个袋子中，这样找东西会很方便。

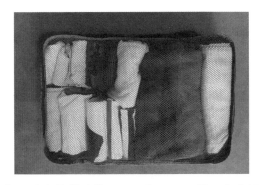

2. 背包：随身携带的物品，比如坚果、饼干和小零食，加上夏季水瓶、手口巾和小外套都装在企鹅背包里，让孩子自己背着。

出门尽量少带一些东西，这样玩起来负担更少。